ANIMAL ETHNOGRAPHY
新・動物記 4

夜のイチジクの木の上で

フルーツ好きの食肉類シベット

中林 雅
NAKABAYASHI MIYABI

京都大学学術出版会

忘れもしない、私が5歳のときの出来事だった。その日私は祖父と一緒にいた。突然祖父の呼吸が早まり、息が詰まったようだった。私は祖父が呼吸困難に陥ったと思い、すぐに祖父の顔を見た。が、祖父は平然としている。どうしたの、と尋ねたところ、こんな答えが返ってきた。

「あくびをしただけ。」

すぐさま私はこう尋ねた。

「なぜそんなあくびの仕方をするの？」

すると、祖父はこう答えた。

「人と同じことをしてもつまらない。人と違うことをしてはじめておもしろいものが生まれるからだよ。」

いつも幸せそうに笑いながらお猪口に日本酒を注ぎ楽しんでいた祖父だったが、そのときのほほ笑みは格段に輝いて見えた。ずいぶん昔の会話で、祖父もすでに亡くなってしまったが、その言葉は深く胸に刻まれている。

そして今、私はボルネオ島の熱帯雨林でシベットを研究している。懐中電灯とナタを手に夜のジャングルに分け入り、ときには樹上50mの木に登ってシベットを追いかける。動物のことを知りたいなら、彼らが見ている世界を知る必要がある。

祖父の言葉、いや、祖父のあくびは、今の私の原点なのかもしれない。

樹高50mのフタバガキの木から根を下ろしたイチジク。ジャコウネコのなかまのシベットはこうした木も難なく登る。

本書に登場する他の種

ミスジパームシベット

濃い灰色の体毛で、背中に黒い線が3本入っているシベット(雄の体長50~60cm、尾長62cm、体重2.3kg)。とてもすばしっこく、枝を走ったり木々を跳び回ったりするが、捕まえるととても大人しい。

ビントロング

世界最大の夜行性果実食動物で、シベット最大の種(雌の体長72~81cm、尾長68~72、体重5~7kg)。黒く長い毛で覆われている。シベットで唯一、尾を木の枝に巻き付け、ぶら下がることができる。

食肉目の特徴である、肉の消化に適した短くて単純な消化管。果実はほとんど消化できず、果皮や種子がほぼそのまま排泄される。果実を食べながら頻繁に下痢便をするので、下から観察するときは要注意。

肛門と生殖器の間の会陰部から、においがある分泌物を出す。驚いたときなどに放つにおいは数十分は残るので、居場所がばれる。砂糖を煮詰めたときの数百倍甘ったるいにおいがする。

お腹周りに脂肪がつきやすく、丸々と太った野生のメタボ個体をよく見かける。短い四肢がさらに短く見える。天敵に遭遇したときに逃げられるのか心配だ。

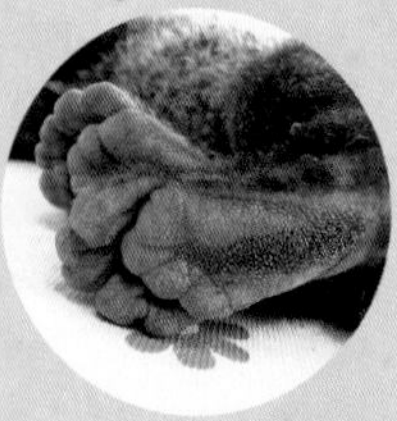

肉厚な蹠球《しょきゅう》を使って巧みに木登りする。

尾は体長よりも少し短い。尾の先端が黒い個体と白い個体がおり、見かける頻度は黒い個体の方が高い。

研究対象紹介

パームシベット

Paradoxurus hermaphroditus

暗闇で光を当てると目が反射して光る。種によって反射の強さや色、大きさなどが異なるので、遠くからでも種の判別ができる。

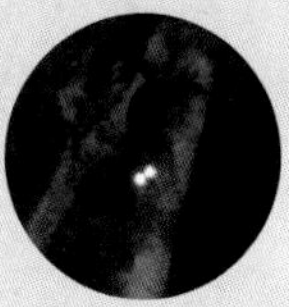

ビントロングの目の反射

哺乳綱食肉目ネコ亜目ジャコウネコ科

生息地 スリランカ、インドから広く東南アジアに分布

体　長 48〜59cm　**尾　長** 39〜55cm

体　重 雌1.7〜2.5kg、雄2〜2.8kg

夜行性で、交尾期以外は基本的に単独で暮らす。胴長短足に長い尾をもつ。顔の模様は個体によって異なる。ボルネオ島ではもっともよく見かけるシベット。樹上で採食しているときは、人間を見ても逃げることはほとんどなく、堂々としている。

食肉目特有の裂肉歯や鋭い犬歯をもつ。肉食に適した歯の構造だが、実際は雑食で、とくに果実をよく食べる。

短い四肢。指は前後足とも5本で、指の間には水かきがある。細い枝やつるを掴むときに接着面が増えてより安定するのだろう。樹上と地上の両方を利用する半樹上性。

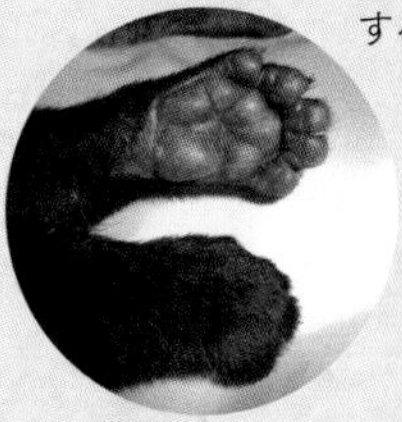

パームシベット亜科に共通する掌のつくり。掌全体を押し当て、巧みに木を上り下りする。頭を下に向けて木から下りることができる。

フタバガキの若い果実

優しかった早朝の太陽は、午前9時を過ぎると表情を一変させる。午後の険しい日差しは、動植物たちを色鮮やかに輝かせる。

色とりどりの昼の森

雌にもてるためにあえて目立つ色をした雄鳥や、木の葉に擬態する昆虫など、色はさまざまな役割をもつ。[左から]アオヒゲショウビン、キリギリスの仲間、コシアカキヌバネドリ

多様なイチジク。[イ]オオアカダマヅル。果実は世界最大。[ロ]ケブカパサツキ。触るとチクチクする毛が生えている。[ハ]オオバアコウ。動物が好む一番小さい種の一つ。[ニ]カワアカコダマ。幹からみかん大の果実が直接なる。[ホ]ナミヘイタマノレン。珠のれんのように垂れ下がった枝から果実がなる。

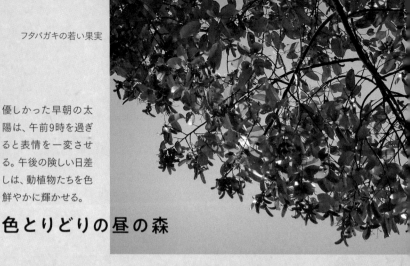

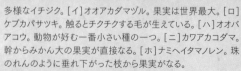

太陽が沈み、森が暗くなり始めると、シベットは活動を開始する。ボルネオ島に生息するシベット8種のうち5種。すべて夜行性。[イ]タイガーシベット [ロ]マレーシベット [ハ]パームシベット [ニ]ハクビシン [ホ]ミスジパームシベット

にぎやかな夜の森

さまざまなセミの鳴き声を背景に、森が闇に染まってゆく。午後8時、夜行性動物たちが活発に動き、闇が一番美しい黒に変わる。

人間が眠りにつく頃、さまざまな動物たちが森を闊歩している。[左上から時計回りに]スンダウンピョウ、スンダベンガルヤマネコ、ニシメガネザル、ミツヅノコノハガエル、フィリピンスローロリス

樹高40mの木から見下ろした光景。汗ばんだ肌に心地よい風が通り過ぎていく。

樹上の世界

シベットの研究は、地面での観察だけでは不十分だ。木に登り、彼らの目線に立ってはじめて、同じ世界に立ち入ることができる。

見上げて出会う

[上]ズクロサイチョウ。道具を使わず樹上に到達できる鳥がうらやましい。[下]樹高40mのイチジクの枝を歩くビントロング(パスイ。3章7節参照)

調査に向かう [左]イチジク(ムラサキソクケイ *Ficus binnendijkii*)を登る著者(162ページ参照) [右上]樹上50m地点、ぶら下がって撮影。着生植物は休憩場所になる。[右下]樹上20m地点。ビントロングがいた場所なら何でも持って行く。

本書に登場する植物

種　名	本書での名称	名称の由来
イチジクの仲間		
Ficus variegata	ギランイヌビワ	和名あり
Ficus binnendijkii	ムラサキソクケイ	主脈と側脈の接続角度が小さい・果実が紫色
Ficus fistulosa	スイドウボク	中国名の音読み
Ficus benjamina	シダレガジュマル	和名あり
Ficus annulata	ナガバハンテンスイ	葉が長い・果実に斑点があり、先が尖っている
Ficus trichocarpa	オチョボコマバヅル	葉が小さい・果実の先がおちょぼ口・つる性
Ficus stupenda	コフデガキモドキ	少し小さくした筆柿に似ている
Ficus carica	イチジク	和名あり
Ficus forstenii	カタバナガアカグロ	葉が硬い・果実が長く赤黒色
Ficus callophylla	ダエンチュウバコマシロ	楕円形の中型の葉で小さく白い果実
Ficus subcordata	ヘイコウブチウスアカ	側脈の間隔が狭く並行・果実に斑点があり、薄赤色
Ficus punctata	オオアカダマヅル	果実が大きく赤色の球のよう・つる性
Ficus kerkhovenii	ヨワジクセキカツカン	葉軸が折れやすい・幹が赤褐色
Ficus cucurbitina	ケブカパサツキ	果実に毛があり水気がない
Ficus virens	コマシロナガジクソクケイ	葉軸が長い・主脈と側脈の接続角度が小さい・果実が小さく白色
Ficus caulocarpa	オオバアコウ	和名あり
Ficus deltoidea	ジュジョウウチワバ	葉が団扇のような形・着生性
Ficus treubii	ナミヘイタマノレン	葉の先端が波平の毛に似る・珠のれんのような枝
Ficus racemosa	カワアカコダマ	川沿いで生育・小球のような赤い果実
Ficus lepicarpa	ソトミドリナカムラサキ	緑色の果実だが中が紫色
その他の種の仲間		
Endospermum diadenum	エビメセンドック	マレー名の直訳
Leea aculeata	アカアマウドノキ	赤く甘い果実をつけるウドノキ属
Melastoma	ノボタン属	和名あり
Koordersiodendron pinnatum	コマホソバウメノミモドキ	葉が小さい・果実が未熟のウメに似る
Fagraea cuspidata	カタアオゴムミカズラ	果実が硬く緑色・ゴムミカズラ属

本書の和名は、著者が本書内に限定して使用する名称として定めた。
現在一般的に用いられている和名がある種についてはその名称を使用した。

目次

2章 夜の森へ——シベットを追いかけろ……33

3章　大きなイチジクの木の下で――共存の秘密に迫る……69

4章　森を育むシベット、シベットを育む森
——種子散布者の正体を追う……139

はじめに

シベットと聞いてその姿が浮かぶ方は、あまり多くないだろう。シベットは、ネコのようにもテンのようにも見える。しかし、一般的にネコよりも胴が長く、テンよりも尾が長い。縞模様のものもいれば、斑点模様のもの、真っ黒なものもいる。カワウソのように川で魚を捕るものもいれば、地面で昆虫を探すもの、木に登って果実を食べるものもいる。一〇年にわたってシベットを研究した私でも、シベットといえばこれだ、という典型的な像が思い浮かばない。姿は見えるのに、大きい、小さい、きれい、かわいい、変なかたち、などの強烈な印象を残さない。シベットはそういう動物だ。

シベットは、ジャコウネコの英語表記civetをカタカナにした単語で、哺乳綱食肉目ネコ亜目ジャコウネコ科に属する動物の総称だ。ジャコウネコは古くは鎌倉時代に日本に渡来した記録があるが[1]、この本ではあえてシベットと表記する。その理由は、ジャコウネコと呼ぶとネコの仲間と誤解されてしまうからだ。ちなみに、ネコの仲間（イエネコやヒョウやライオンなど）の分類名は哺乳綱食肉目ネコ亜目ネコ科である。つまり「科」のレベルで異なる分類群に属している。多くの日本人にとってもっとも身近なシベットの種は、ハクビシンだろう。ハクビシンは外来種だが[2]、都心部の駅で暴れたり、民家の屋根裏に出現したりしてときどき話題になっている。

シベットが属する食肉目には、ネコだけでなくイヌもパンダもカワウソもミーアキャットも含まれる。食肉目に属する動物は共通して、肉を食べるのに適した形態を持つ。代表的なものが肉を裂くのに適したギザギザの裂肉歯だ。また、肉（タンパク質）は消化に複雑な工程を要しないので、消化管のつくりが単純だ。ただしパンダがタケを食べることで有名なように、食肉目に属する動物がすべて肉食というわけではなく、本書でおもに紹介するパームシベット亜科に属するシベットも、果実を頻繁に採食している。しかし、後述するように、彼らの歯のつくりは典型的な食肉目のそれなので、けっして果実食に向いているとは言えないし、消化管も共通して単純なつくりだ。肉食に適した体を持ちながら果実を食べることを選んだパームシベット亜科のシベットは、どのような秘技を使って生きてきたのだろうか。

シベットはアフリカ大陸とアジア大陸に広く分布する。食肉目の中でもジャコウネコ科は起源が古く、約四〇〇〇万年前に地球上に出現した[3]。シベットは、食肉目の祖先のミアキス（*Miacis*）ともっとも形態的に似ており、原始的な形態をとどめながら現在まで生きているのだ。こう書くと格好良く聞こえるが、シベットはすべての種に共通して、胴長短足だ。生息環境に適応しない形態や生態を持った動物は絶滅する。シベットが現在も原始的な形態を維持し、アジア・アフリカに広く分布しているのならば、胴長短足はどういう環境にも適応できる万能型形態なのか、あるいは、単に類い希なる幸運に恵まれただけなのだろうか。

ジャコウネコ科とひとまとめにしたが、亜科や種によって生態は大きく異なる（図1）。ジャコウ

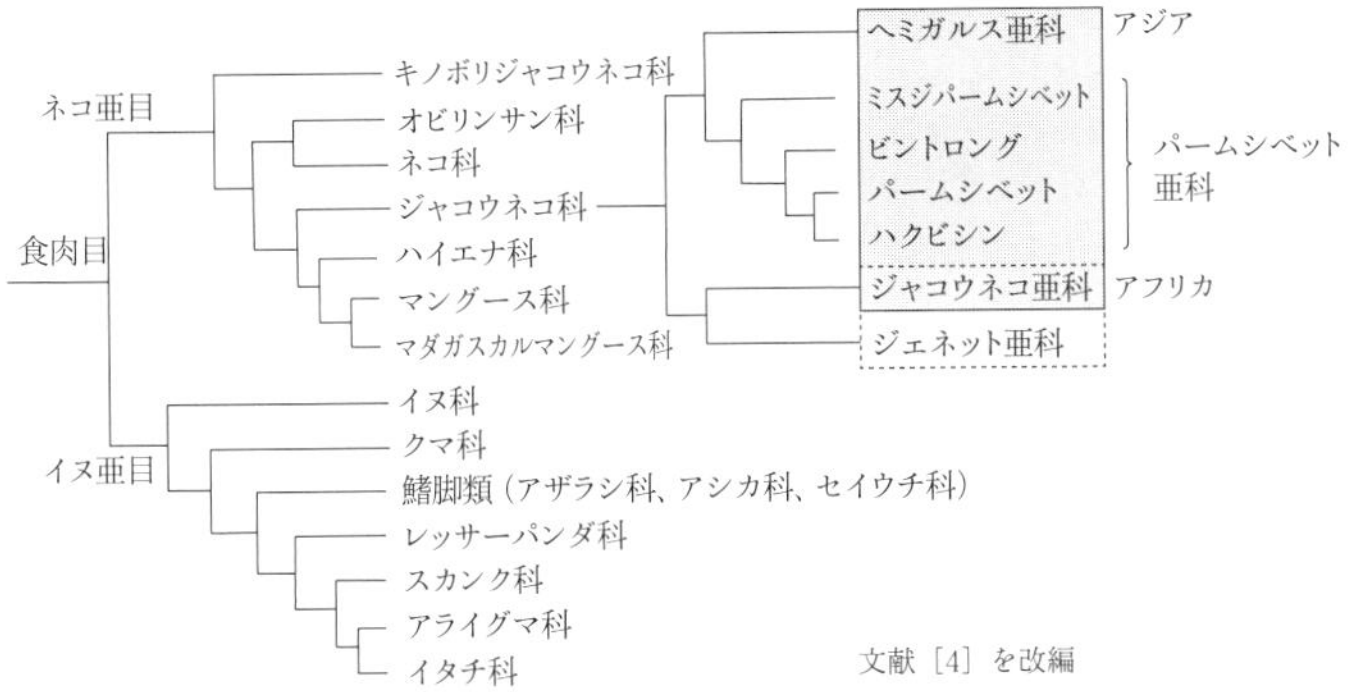

図1　ジャコウネコ科を含む食肉目の系統樹

ネコ亜科とヘミガルス亜科は基本的に地上性だが、ジェネット亜科と本書の主役であるパームシベット亜科は樹上で巧みに移動するとともに地上も移動する半樹上性だ。また、すべての種は基本的に夜行性、単独性である。しかし、近年まで詳細な生態がわかっている種はほとんどおらず、研究例があっても夜行性という性質が制限要因となり、行動観察は断片的なものが数例あるだけだった。

　麝香（ジャコウ）と日本語名にあるように、シベットは麝香を持つ。麝香とは本来はジャコウジカのジャコウ腺から分泌される化学物質の香気をさす言葉だが、麝香と似た香気をもつ化学物質も麝香と称されている。シベットの麝香は、会陰腺から出るシベトンという化学物質の香気だ。かつて、シベトンを採取するために多数のシベット（アフリカジャコウネコ）が劣悪な環境で飼育されて問題になったことがあったが、現在は合成して人工的にシベトンを生産できるようになった。この合成シベトンを用いて、シャネルという世界的なブランドから香水が生産されている。また、近年ではシベットの糞に含まれるコーヒーの種子がシベットコーヒー（コピ・ルワック）として高額で取引されている。シベットの腸内で種子が発酵されて独特の香りと風味をもたらすと謳われているが、シベットの腸内では食物はほとんど発酵しない。勝手な思い込みで生まれた高額のコーヒーを大量に生産するために、これまた劣悪な環境で多数のシベットが飼育されて問題になっている。シベットは、自らの容姿ではなく、においや糞という自らが排出するいわば副産物に人間を惹きつける要素があるようだ。私はシベットの分泌物の香気を嫌というほど嗅ぎ、シベットの糞を飽きるほど見たので、何の魅力も感じない。そもそも私はにおいに敏感なので香水を使用しないし、コーヒーよりも水を好むので、こうした嗜好品には興味がない。副産物を目当てにシベットの自由を奪った人々は、シベットを金や名声を獲得するためのツールとして見ていたのだろうか。シベットたちの生態が明らかになれば、そうした人々のシベットを見る目が変わるのだろうか。生態がほとんど知られていないということは、未だ明らかになっていない隠された魅力を発見できるということだ。本書がきっかけとなり、副産物よりもシベット自体の魅力を感じてもらえるようになると、うれしく思う。

1章

おもしろそうな動物、シベット

1 篠山の野山で

月明かりがまぶしい真っ暗な夜空。鳴いている本人はうるさく感じないのだろうか、と疑問に思うほど響き渡るカエルの大合唱。クヌギの木を蹴って、クワガタが落ちてきたときの興奮。枝に手をかけて、枝が折れて木から落ちるか、また少し上に進めるか、木登り時のどきどき感。田んぼに裸足で入ったときの、するすると冷たい泥が指の間を通り抜ける感触。これらすべては、私が小さい頃に経験した、よい思い出だ。今でもこうした感覚を体が覚えている。

私は、兵庫県中東部に位置する旧丹波国の篠山という土地に生まれた。文字通り自然豊かな町で、黒豆や山の芋、栗などの農産物や、猪肉を薄く切って味噌で煮込むぼたん鍋が特産品として関西地方では比較的有名である。[1] いわゆる田舎ではあるが、平成に入ってから全国に先駆けて市町村の合併をおこなったり、田舎の代名詞として農産物や猪肉をブランド化したり、結構ミーハーな面もある。小学校に上がる前から、春休みや夏休みには兄と野山へ出かけて、生き物探しをした。最初のうちは動くものしか目に入らないが、目が自然に慣れてくると生き物の隠れ場がわかってきた。歩きながら木々を見渡し、違和感を覚えると、そこを探す。そうすると、隠れている生き物がいる。見るだけでなく、ときにはめくったり、掘ったり、壊したり、自らの手で環境改変をしなければならない。視覚に加えて、聴覚と嗅覚は、生き物探しをする上で欠かせない感覚だ。動物が移動する際に発する音や、動物の残り香も大きなヒントである。五感を駆使して、自然を楽しんだ。虫かごいっぱいに生き物を詰め込んで、自宅に持ち帰った。そして、よく観察するために、一メートルのアクリル板をつなぎ合わせて作成した巨大飼育ケースにいれた。春にはそのケースは、もはや擬態の意味を成さなくなったおびただしい数のナナフシで溢れかえり、夏にはさまざまな昆虫の牢獄と化した。管理が甘かったので脱獄するものが後を絶たず、原っぱに行かなくても家の中でイナゴやバッタを採集できたし、秋には窓を開けなくても家の中でさまざまな昆虫の音色を楽しむことができた。脱走したカマキリがテレビの中で産卵し、子カマキリがテレビのスピーカーから大量に出てきたり、部屋にぶら下げていたチョウの蛹に寄生したハチが孵化し、寄生バチが家中を飛び回ったりしたこともあったが、両親はそんな私たちに口出しせず、静かに見守ってくれた。こうした経験があったから、生き物やそれを取り巻く環境に自然と興味を持ったのだろう。

　年を重ねるにつれて、近所の山野で見られる生き物から、動物図鑑に描かれて

筆者が小学生のときに描いた、将来の私。当時はカメに興味があったようだ。名札には「動物学ハカセ」と書いてある。動物学ハカセは白衣を着て眼鏡をかけていると思っていたらしい。

いる、実際には目にしたことがない海外の哺乳類に興味が次第に移っていった。アイアイはどんなにおいなのだろうか。ツチブタの背中を触ってみたい。こんなことを、常日頃考えていた。幼稚園で将来の夢を聞かれたとき、真っ先に思い浮かんだことは、海外で動物を観察する人、だった。周りの子たちはケーキ屋さんやお花屋さん、野球選手などを挙げていたので、先生が私の将来を心配したのか、「お店屋さんじゃないの?」と尋ねてきた。私はケーキやきれいな花にまったく興味がなかった。好きな食べ物は沢庵漬けと納豆で、モウセンゴケやウツボカズラなど食虫植物に興味があった。また、人と会話するのが苦手だったので店員にもなりたくなかった。このころから、祖父のあくび(2ページ)効果が出ていたのだろうか。私はみるみるうちに集団から離れ、孤立していった。小学校に上がっても、私は生き物好きの変わった子、として周りから見られていた。中学、高校に進学しても、相変わらず生き物に対する興味は失われなかった。しかし、具体的な将来の見通しは不明瞭なままだった。

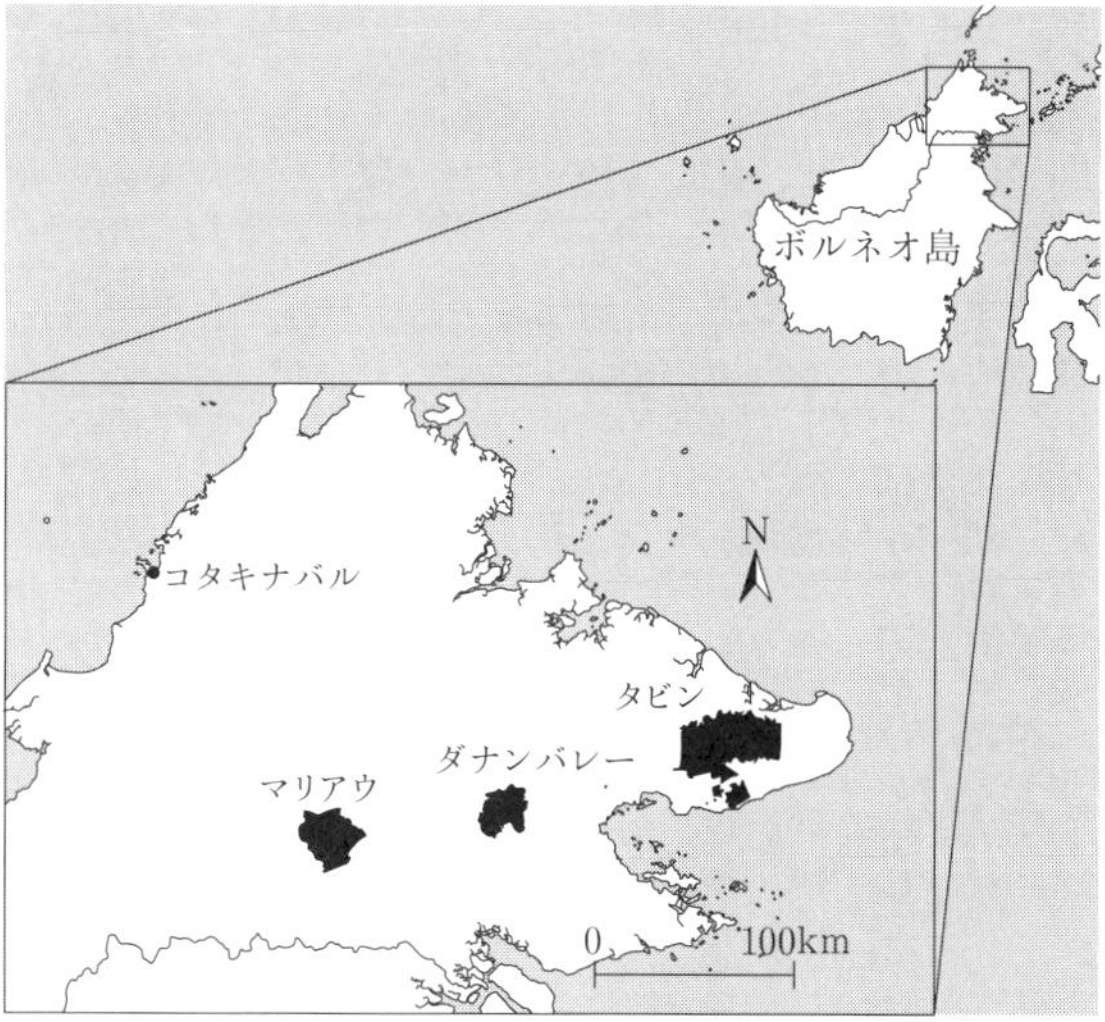

図2　ボルネオ島マレーシア領サバ州と調査地の位置

小中高を通してさまざまな職業に就いている方のお話を聞いたり、職業体験という学校主催の企画にも参加したりしたが、研究職の紹介は工学や化学に限られて、その他の職業にもどうしても魅力を感じることができなかった。高校二年生の夏休み、転機はやってきた。兵庫県立人と自然の博物館が主催する、ボルネオジャングル体験スクールに参加したのだ。このスクールは、兵庫県在住の小学校高学年から高校生が、引率の現役研究者とともに夏休みの一週間をボルネオ島マレーシア領サバ州（図2）の熱帯雨林で過ごす、というもので、一九九七年から二〇一五年まで続いた。現在の霊長類学の礎を築いた一人である河合雅雄名誉館長から伺った話によると、最近の子供たちは温度が管理された部屋に閉じこもってゲームをして、まるで飼育されているブタのようだ。ジャングル（熱帯雨林）

を体験して、子供に本来備わっている「野生の力」を取り戻し、イノシシになってほしい、という願いを込めて企画・実行されたそうだ。サバ州は日本から近く、治安もよい。成熟した熱帯雨林も残されているので、スクールの開催地として白羽の矢が立ったそうだ。河合名誉館長も篠山出身で、現代社会が抱える問題を見抜き、さらにイノシシで有名な篠山に対する愛も伝わる素晴らしい企画だ。翌年に受験を控えた私にとって、高校二年生の夏はこのスクールに参加する最後のチャンスだった。二〇〇四年七月、サバに向かう飛行機の中で、私の胸は刻一刻と近づくジャングルへの期待でいっぱいだった。小さい頃から憧れていた海外の動物を目にすることができる。これから始まる一週間が楽しみでならなかった。

サバ州都コタキナバルの空港に到着したとき、外は雨が降った後で、空港には大きな水たまりがあちこちにあった。いや、空港の駐車場は水たまりどころではなく、巨大な池と化していた。空港の案内表示に「タクツー」（タクシーの表記間違い）などの怪しい日本語表記が見られたことから、日本人がよく訪れるようだ。スクール一行は、コタキナバルで一泊した後、いよいよジャングルへ向かった。訪れた場所は、ダナンバレー自然保護区だった。ダナンバレー自然保護区は世界的に有名な調査地で、まず、当時は研究者のみが宿泊できたダナンバレー・フィールドセンターに、その後観光客向けの高級宿泊施設ボルネオレインフォレストロッジにそれぞれ二泊ずつ宿泊した。フィールドセンターに到着して、共同シャワーとトイレがある区画に入った瞬間、私は度肝を抜かれた。実にさまざまな種類の昆虫がトイレやシャワー室の壁に貼りついたり、床に落ちていたからだ。立派な角が三本あるアトラスオオカブトやコノハギスなど見たことがないものはもちろん、日本にいる種の一〇倍くらいあるとてつもなく大きなキリギリスがゴキブリのごとく普通にいた。また、大きいものは目に入りやすいが、日本にいるシオカラトンボの五分の一程度の大きさのミニミニトンボ（名称不明）や、日本のアシナガバチの三分の一程度の大きさのミニミニバチ（名称不明）など、とてつもなく小さい昆虫もごろごろ落ちていた。宿泊部屋に戻ると、「ファーンファンファン」とサイレンのような音でうるさく鳴く世界最大のセミの仲間、テイオウゼミが部屋に入って暴れていた。なんだここは。宿泊施設にヒゲイノシシが残飯を漁りに来た。篠山の猪肉店ではく製になっている大きなイノシシとは顔つきがまったく異なるし、体毛が薄い。そして、二羽のサイチョウが「ンガッ、ンガッ」と熱帯雨林に似つかわしい声で鳴きながら頭上を過ぎていった。そうか、これが楽園か。

テイオウゼミ（00:00～00:16頃）、サイチョウ（00:17～00:30頃）。
〈動画URL〉https://youtu.be/yC4-5IQ044E

昼間は熱帯雨林を歩き、動植物を探した。湿度が高いので、全身から汗が噴き出た。今まで歩いたことがない感触の地面だったので、平坦な道でも疲労を感じた。しかし、見上げると樹上三〇メートルは超える木の幹にオオトカゲがしがみついていたり、ヒヨケザルがぶら下がっていたり、オランウータンが枝をしならせて移動していたり、レッドリーフモンキーの群れが現れたりした。視野の一部で枝の揺れなどの違和感をとらえると、そこにロックオンする。すると、隠れていた動物が見えてくる。枝が揺れるたびに出てくる動物が異なったので、とにかく楽しかった。枝が揺れるたびに胸が高鳴り、疲労感は消え去った。夜になると、大型トラックの荷台に乗って未舗装道路をゆっくりと進み、スポットライトを照らしながら夜行性動物を探す、ナイトドライブに出かけた。その夜、私は運命の出会いを果たした。

3 シベットとの出会い

ガイドが樹上三〇メートルの結実木で何かを発見した。スポットライトの光を浴びても、臆することなくひたすら果実を貪り食っていた。四肢が短く、尾が長い。イタチでもネコでもない、幼少期に毎日眺めた図鑑にも載っていない、見たことがない生き物がそこにいた。同行していた動物生態学者の安間繁樹博士に、この生き物の名前を教えていただいた。「パームシベット」という動物だった。当時私はシベットという動物を知らなかった。安間さんは「ジャコウネコの仲間」と説明してくださったが、ジャコウネコという言葉も聞き覚えがなかった。私の中で、パームシベットが少し気になる存在になった。ナイトドライブを終えてもまだ動物を見たかった私は、皆が寝静まったのを確認すると、こっそりと宿舎を抜け出して動物を探しに行った。あちこちに懐中電灯の光を当てていたときだった。四肢が短く尾が長い動物の姿が光に浮かんで見えた。先ほどのナイトドライブで、樹上で果実を貪り食っていたパームシベットだった。今度は地面にいたので、その姿をはっきりととらえることができた。その瞬間、私はシベットにすっかり魅了された。見た目は明らかな食肉目だが、果実を食べる。樹上三〇メートルにいるかと思えば、地面を闊歩している。何とも不思議な動物だ。

ボルネオジャングル体験スクール最終日、マレーシア・サバ大学でスクール生代表としてスピーチをした。スピーチの最後は、「I'll be back as a researcher.」で締めた。このとき私はすでに、ボルネオ島でシベットの研究をする、と決めていたのだ。私が安間さんをジャコウネコを含めた動物のことで質問攻めにしたことと、ジャングルで過ごした最終日が私の誕生日だったことが重なったので、帰国前夜に安間さんはご自身で執筆された『Mammals of Sabah』というサバ州の哺乳類の図鑑を私にくださった。この本は、安間さんの実際の野外での観察や、飼育して記録した情報にもとづいているので、動物の生態情報の信頼度の高さは他の図鑑と比べ物にならない。私はとてもうれしくなり、専門用語は持ってきていた電子辞書で調べ、本をいただいたその日の夜にすべてのページを読んだ。私のサバ州の哺乳類の基本的な知識は、この本で学んだものにもとづいているといっても過言ではない。帰国後、空港から自宅に向かう車中で木々の枝を見たが、揺れはなかった。汗で湿った肌に触れる独特の空気の感触と風のにおいは、ボルネオ島でしか作り出されないものだった。「またあの空気を味わいたい」、熱帯雨林で過ごした日々を思い、切なくなった。河合さんの言葉通り、私はイノシシになれただろうか。

4 祖母との約束

ボルネオ島から帰国して、真っ先に祖母の家に向かった。熱帯雨林で見たもの、感じたことを祖母に報告するためだ。祖母は私にとって特別な存在だった。笑顔を絶やさず、怒りを露わにせず、常に穏やかに優しく人に接した。だが、卑怯や不正には臆することなく正面から立ち向かった。祖母の心には、真っすぐな一本の竹が生えていた。祖母の生き様はどんな教科書にも勝るものだった。私はそんな祖母が身近にいてくれたことが誇りだった。自信を持って「友」と言える存在がいなかった私にとって、いつも話し相手になってくれた祖母は、暗い日々を照らしてくれる唯一の明かりのような存在だった。

祖母の家に到着すると、新聞が数日分溜まった郵便受けを見て、異変を感じた。祖母は毎朝新聞を読んでいたからだ。恐る恐る家に入ると、咳き込んで苦しそうな祖母がいた。きっとこの頃、祖母は人と会話するのもやっとなくらい苦しかったのだろう。しかし、私の話を聞いてくれた。この日から二か月後、壮絶な闘病生活を送って、祖母は亡くなった。祖母の異変に私はいち早く気がついていたのだ。皮肉にも、楽しかった思い出話をするために祖母を訪れたときに。現在でも治療法がない病気だったが、あの日私が早く病院に連れて行っていれば、もしかしたら、祖母はあんなに苦しまなくて済んだのかもしれない。もしかしたら、病状が回復したかもしれない。高校受験のとき、祖母が私を訪ねて来てくれたが、集中していたかったので居留守を使ったこと、祖母の家に泊まりに行った際、夜遅くまで続く祖母との会話に疲れ、寝たふりをしたことを、この上なく後悔した。祖母は祖父を早くに亡くしたので、ずっと独りぼっちだった。だから、私との会話で普段の寂しさを癒していたのだろう。私は祖母のおかげで虚しさを紛らわすことができた。それなのに、私はなんと卑怯で心無いことをしたのだろうか。泣いても泣いても涙が止まらない。謝りたくても、祖母はもういない。どれほど後悔しても、祖母は帰ってこない。祖母を亡くしてはじめて、私の中の祖母の存在の大きさに気がついた。

四十九日が過ぎ、祖母の位牌を寺に一時的に奉納する前夜のことだった。私は夢を見た。祖母はお気に入りの服を身に纏い、「おばあちゃん、もう行くね」と告げたのだ。私は泣きながら祖母に抱き着き、「寂しかった」と言った。そして、「絶対に動物博士になるから、見ていてね」と言った。すると祖母は、いつも私に見せていた優しい笑顔で二度うなずいてくれた。そして祖母は自動車の運転席の後ろの席に座った。突然場所が変わり、祖母は今度は真っ白い服を纏い、ベルトコンベヤのようなものに乗り、真っ白い部屋に入っていた。目覚めると、私の頬は涙で濡れていた。そして祖母に告げた約束の言葉は、胸に深く刻まれていた。

2章

夜の森へ

シベットを追いかけろ

1 万全を期して調査地に入る

修士研究テーマの決定

動物博士になりたかったが、どうやったらそんな夢のような職業に就けるのだろうか。何となく生物学を学び、退屈な日々が過ぎていった。そんなとき、京都大学に、野生動物研究センターという研究施設が新設されたという情報を耳にした。さっそくセンターに赴き、動物行動学が専門の幸島司郎教授に会いに行った。シベットの研究がしたい、と伝えると、なぜか登山の話になり、お昼をごちそうになった。そして翌年の春、野生動物研究センターの二期生となった。進学前の春休み、サバ州でパームシベットの種子散布を研究されていた中島啓裕博士と、サバ州でカメラトラップを用いて野生動物の密度推定をしていた鮫島弘光博士に案内していただき、サバ州タビン野生動物保護区（以下タビン）に入った。修士研究でパームシベットの捕獲をおこなうと決めていたので、まずは試しに罠を仕掛けてみることになった。

この日の夕方、さっそく箱罠を一つ、森と未舗装道路の境界に設置した。日本でも見かけるネズミ捕り用の罠を大きくしたもので、シベットをおびき寄せるために、とくににおいが強いコパラミツ（ジャックフルーツの仲間）の果実を罠の中に仕掛けた。翌朝罠を見に行くと、罠の網目の一部に茶

はじめて間近で見たメスのパームシベット。

色のもさもさした物体が影絵のように見えた。なんと、たった一晩で、一つしか仕掛けていない罠にパームシベットがかかったのだ。私が高校生のときにボルネオ島を訪れ、はじめて出会ったシベットがこの種だった。たくさん罠を仕掛けてもなかなか捕まらないネズミもいるのに、このパームシベットはコパラミツ一切れに釣られて、しかも罠の中で堂々と寝ていた。私たちが罠に近づくと、そのパームシベットはむくっと起きた。そして、私たちに向かって「シャー」としきりに吠えたてた。この時私ははじめてパームシベットを間近で見た。正面から見ると丸顔で目も丸く、やはり足が短い。不思議と興奮や感動はなかった。この対面が貴重ではなくなることを予期していたのかもしれない。それよりも、当時パ

ボルネオ島のシベット5種

マレーシベット(00:00頃)、タイガーシベット(00:16頃)、パームシベット(00:30頃)、ミスジパームシベット(00:49頃)、ビントロング(01:12頃)。
〈動画URL〉https://youtu.be/MY9SndpLjW4

ームシベットに近縁なハクビシンがSARSウイルスの自然宿主と疑われており、この個体が「シャー」と吠えた時に飛び散った飛沫が私の口に入ったので、SARSや狂犬病に罹患するのではないかという懸念や、口を開けたことに対する後悔の念の方が大きかった。罠の入り口を開けて逃がそうとしても、警戒しているのかなかなか逃げない。しばらく経っても罠の中でシャーシャーと吠えるだけだった。もしかして、入り口が開いていることに気づいていないのではないか。入り口と反対側の網目に枝を突っ込み、お尻を突っついてみた。そうすると、やっと森の中に走り去った。やっぱり罠から出られることに気づいていなかったのだろう。

タビンで確実にシベットが捕獲できることを確認できたので、調査地はタビンに決定した。次に、何をテーマにして、どんな方法で研究するのかも考えなければならない。私は、ボルネオ島に生息するシベットの種の多さに着目した。

ボルネオ島にはシベットが八種生息している。ジャコウネコ亜科のマレーシベット、ヘミガルス亜科のタイガーシベット、オッターシベット、クロヘミガルス、パームシベット、ミスジパームシベット、ハクビシン、ビントロングだ（口絵参照）。通常、近縁種が同所的（同じ場所）に生息している場合、各種が何らかの生態的な差異を持つ。同所的に生息する近縁な動物のAとBがいるとしよう。多くの場合、近縁な動物の間には食物や生息地などをめぐる競合が生じるので、同所的に生息しない。しかし、たとえばAは地上性、昼行性、魚食性で、Bは樹上性、夜行性、昆虫食性、というように、生活空間、活動時間帯、食性などを違えることで競合を避けることが可能になり、同所的に生息できるのだ。シベット八種の中で活動場所がおもに地面である地上性の種はパームシベット亜科以外の全種で、パームシベット亜科の四種は頻繁に樹上を利用するが、地上も利用する半樹上性である。さらに彼らは共通して果実をよく食べる。[1] 私は、パームシベット亜科四種（以下、果実食性シベット）の半樹上性という性質に着目した。ボルネオ島の熱帯雨林は、他地域よりも樹高が高く、森林の階層構造が発達していることが特徴だ[2]（図3）。半樹上性の四種は、利用する樹高を違えることで共存が可能になっているのかもしれないと考えた。修士研究のテーマは「果実食性シベット四種の共存機構の解明」に決まった。

調査方法の検討

次に、肝心の調査方法を考える必要がある。何度も書いたように、果実食性シベットは木に登る。そして、基本的に夜行性、単独性である。[1] つまり、果実食性シベットは、ただでさえ人づけがされ

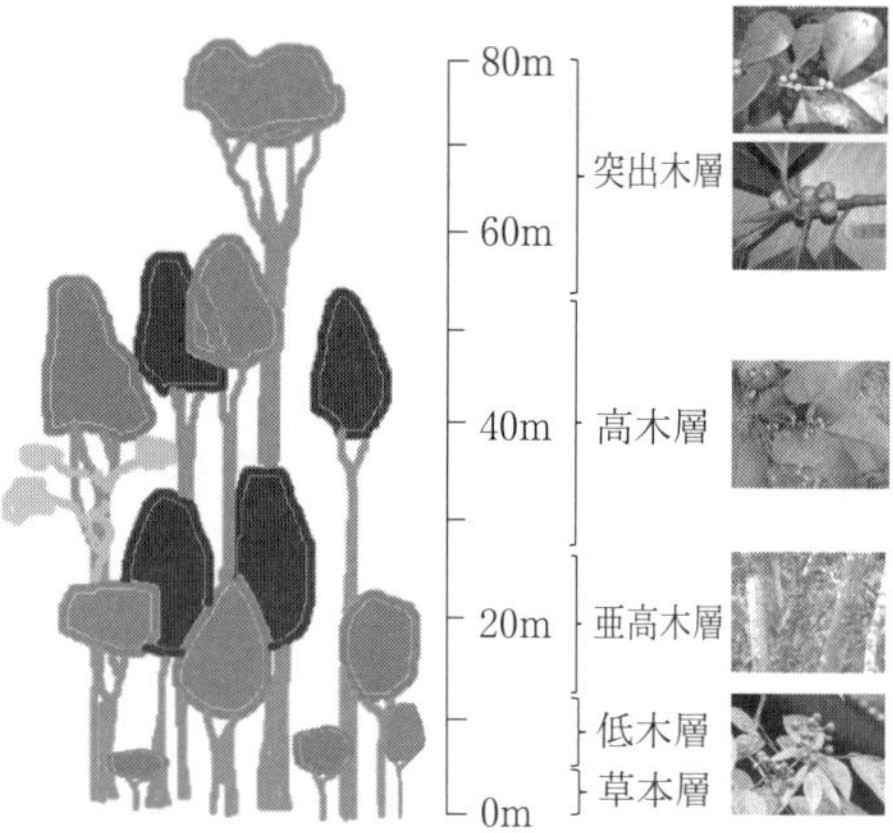

図3　ボルネオ島の熱帯雨林の階層構造

森林によって層の数や高さは異なる。さまざまな樹高の木があるので、右写真のようにさまざまな高さに果実がなる。近年サバ州のダナンバレー自然保護区で、2020年現在熱帯雨林にある世界一高い木（100.8m）が発見された。

ていない野生動物なのに、熱帯雨林の樹上で夜間に単独で生活している、という研究をさらに困難にする要素がたっぷりと詰まった動物なのだ。しかし、困難ではあるがけっして不可能ではない。果実食性シベット四種のうち一種、パームシベットに関しては、先述の中島博士によるタビンでの研究や別のチームによるネパールでの研究、[3] また、別種だが遺伝的にパームシベットに近縁なブラウンパームシベットの研究がインドでおこなわれていた。[4] これらの研究に共通することは、シベットを捕獲してテレメトリー発信機を装着していた、ということだ。

テレメトリーとは、動物に発信機を装着し、発信機から発せられる電波を受信して動物の位置を推定または特定する方法のことである。おもに直接観察が困難な動物に対して用いられる方法である。近年はＧＰＳを内蔵した発信機を装着し、人工衛星からの電波を受信する方法が主流になりつつあるが、ＧＰＳ発信機一台が数十万円するし、何より樹冠が生い茂った熱帯雨林でＧＰＳ衛星の受信がどこまでできるのか、受信した位置情報をどのくらい信頼できるのか、など課題が多い。したがって、私はVHF波長帯テレメトリー法を用いることにした。この方法は、VHF帯の電波を発する発信機を動物に装着し、指向性が高い八木式アンテナと受信機を持った観察者が電波を探して動き回る。手間がかかり、ある程度技術を要するため慣れるまでに時間がかかるが、コストが低く信頼度が高い。すぐに首輪型発信機とアンテナ、受信機を用意した。夜行性、(半)樹上性、単独性の研究者泣かせが三拍子揃った果実食性シベットの水平方向の位置はこれで捉えられる。では、次に垂直方向の位置の特定方法を考えよう。水平方向の位置が確認できれば、目視で樹高を測定すればよいだろう。しかし、そうは問屋が卸さない。中島博士の話によると、いくらテレメトリー法で位置を特定できても、発信機を装着した個体を直接目にすることは、ほとんどないそうだ。また、果実食性シベットの一種パームシベットの捕獲、再捕獲は非常に容易であることも教えてもらった。そうなると、シベットが利用している位置の高さ(利用高度)だけでも自動的に記録できる装置がほしいところだ。装置を装着した個体を再捕獲して利用高度のデータを回収することは可能だ。だが、二〇一〇年当時も現在も、経時的な利用高度を記録する装置はない。登山などで使用する高度(標高)計はどうだろうか。テレメトリー法で水平方向の位置を特定または推定し、その時点にシベットが利用していた標高を記録する。そして、その地点の地面の標高を差し引きすると、その時点のシベットの利用高度(樹高)が算出される。このためには、かなり高精度で、しかも一定時間ごとに標高を記録できるデータロガー式の高度計が必要だ。片っ端から高度計を調べた結果、二〇一〇年当時でもっとも誤差範囲が小さいアメリカ製の高度計に行きついた。高度の誤差一〜二メートル。熱帯で実際に使用できるかはわからないが、やってみるしかない。

タビンへ

準備は整った。二〇一〇年五月、いよいよ私は果実食性シベット四種が待つ調査地タビンに向けて日本を出発した。帰国は一一月だ。日本食を多く持っていくと、それらが底を尽きそうになったときに悲しくなるので、お茶葉一袋、カップラーメン数個だけ荷物にしのばせた。最初のミッションは、調査許可の受け取りと調査ビザの申請だ。マレーシアで研究をするには、マレーシア政府から正式な調査許可を受け取る必要がある。また、日本のパスポート所持者は観光の場合は三か月間ビザなしでマレーシアに滞在できるが、研究が目的の滞在は、調査ビザを取得する必要がある。半年前に調査許可を申請し、渡航時までに調査許可が下りた知らせを郵送で受け取っていたので、行きの飛行機で半島部のプトラジャヤにある経済企画庁に立ち寄って調査許可証の原本を受け取った。あとはサバ州の州都コタキナバルで調査ビザを申請するだけだ。サバ州で調査をしていた先輩方から申請の手順を聞いていたので、サバ州移

筆者が実際に使った八木式アンテナと受信機。右下の写真でアンテナの大きさがわかる。

民局に行って手続きをするだけだった。同じくタビンでヤマアラシの調査を開始する予定だった、野生動物研究センターの一学年先輩の松川あおいさんとともに調査ビザを申請することにした。まず、移民局に行ってビザ申請に必要な書類を提出した。提出前に職員がすべての書類に目を通し、一週間前後でビザができるから取りに来てね、と言った。このとき私たちは、マレーシアでは物事がうまく運ばないことをまだ知らなかった。

一週間手持ち無沙汰になった私たちは、当時サバ州セピロクでオランウータンの研究をしていた田島知之さん（京都大学）のもとを訪れることにした。コタキナバルから飛行機とタクシーで約二時間かけてセピロクにたどりつき、田島さんの下宿先のおじいさん行きつけの雑貨店で三人でおしゃべりをしていたときだった。移民局から電話がかかってきた。英語で何かを伝えようとしてくれていたのだが、マレー語なまりの英語が聞き取りづらかった。何とか聞き取ったところによると、提出した書類に不備があったらしい。提出書類に記載されている日付が古い（三か月前）ので、新しいものが必要だというのだ。書類を提出した時点でそう言ってくれよ〜、と思いながら、書類を作成するためにすぐに私たちはコタキナバルに戻った。コタキナバルに着くと、私は本屋に向かった。そして、もっとも薄くて安かった（日本円で約七五〇円）英語―マレー語の辞書を購入した。英語で会話するよりも、マレーシアの国語のマレー語でコミュニケーションが取れるようになりたかったからだ。新しく作成した書類を移民局に提出し終えてから一〇日後、私と松川さんはビザを受け取りに移民局に向かった。すぐに受け取れるものだと思っていたが、四時間近く待ってやっとビザを受け取ることができた。ようやくタビンで調査を開始できる。この時点で、当初予定していたタビン入りの日より三週間遅れていた。

2 タビンの強者たち

つると棘

タビンは、サバ州東部デント半島、ボルネオ島の上唇に当たる部分に位置する野生動物保護区で、一九八〇年代に保護区のほとんどが大規模な伐採を受けた二次林である。タビンに入って、私と松川さんは森の中で調査路を作ることから始めた。動物が森の中でけもの道を歩くように、人間も無闇に森を突き進むよりも、決まった経路を歩く方が楽だし位置がわかりやすくなる。町で買ったナタを用いて調査路作成を開始した。が、タビンの森は私たちを歓迎してくれなかった。つる植物は、光環境がよい場所で繁茂する。[5] タビンのような二次林は、つる植物の楽園であり、私たちにとって地獄だった。つる植物といってもさまざまな種類があり、タビンのつる植物は、日本のものとは比べ物にならないほど恐ろしかった。他の植物に絡んでいるのは仕方ないが、鋭い棘がついたもの、棘

が釣り針のようになっているもの、一見柔らかそうな毛に見えるが触れるとチクチクと皮膚を刺してくるものなど、さまざまな棘が私たちを出迎えてくれた（コラム1参照）。さらに、こうした草本性のつる植物と木本性のつる植物が絡み合ってできた高さ三メートル、幅五メートルを超える巨大な複合つる植物のモンスターが、森の中で私たちを待ち受けていた。また、ラタンと呼ばれるヤシ科植物の棘はもっとも厄介で、茎や葉の先端に無数の棘がついており、近くを通ると服や帽子に必ず引っかかる。一度引っかかると、丁寧に棘を外さないと、皮膚や服が破れる（コラム1写真ニ）。また、幹にこれでもかというほど硬く鋭い棘がびっしり生えているヤシ科植物もある（同写真ホ）。何かを掴まないと上れないが、このヤシ科植物以外の植物がほとんどないぬかる

気付きにくく、誤って踏むとゴム靴(アディダスカンポン)を貫通して足の裏の皮膚を突き破り、穴を開ける。刺さるととんでもなく痛く、完治するまで正常に歩けない。

Column 1

ボルネオ島の棘植物たち

植物には、動物による被食を棘や毛で物理的に防御しているものがある。日本では身近なものにタラノキやアザミなどがあるが、ボルネオ島の森では、数と痛さ、厄介さでそれらをはるかに凌ぐ棘植物たちが待ち受けている。いくつかご紹介しよう。

まずは上から襲ってくる奴らだ。木本性のつるは比較的重いので、切り方を誤ると、そうしたつるについた棘が頭上からまるで罠のように降ってくる(イ)。一方、同じ木本性のつるについた棘でも、見かけによらず刺さっても痛くないものもある(ロ)。何のために棘がついているのか不思議だ。

次は、皮膚や服に引っ掛かり、行く手を阻む奴らだ。草本性のつるについた棘の中には、釣り針のように返しがあるものがあり、よく服が引っ掛かって破れてしまう。ただし直接皮膚に刺さることはめったにない(ハ)。ヤシ科植物についた棘では、小さな鋭い棘がたくさんついており、ひものれんのように頭上から棘を垂らしているものがある(ニ)。刺さってもそこまで痛くないが、引っ掛かったら立ち止まらないと皮膚や服が引っ張られて簡単に破れるし、外しにくい。私の中で一番厄介な棘植物だ。

最後は、地面で待ち受ける奴だ。ヤシ科植物についた硬くて非常に鋭い棘は、私の中で2番目に厄介な棘植物だ(ホ)。手で掴まないように用心できるが、倒れて茶色に変色したものはんだ急斜面によく生えており、棘を掴むかぬかるみを滑り落ちるかの究極の選択を強いられる。タビンに入って瞬く間に、私たちの皮膚や服はボロボロになっていった。

アリ

タビンには棘を上回るさらなる強敵がいた。タビンに到着してすぐに、私たちは宿舎の掃除から始めた。リビングルームにある備えつけのソファの端にゴミ袋を引っかけて、ゴミ置き場にした。ゴミ袋を設置して一週間が過ぎたころだった。ゴミ袋から私が使用していた部屋までが一筋の赤茶色の線で結ばれていた。よく見ると、アリの行列だった。行列の始点はゴミ袋を提げたソファの足元の床板の隙間で、終点は私の部屋の床板の隙間だった。しかも、その行列はゴミ袋の中のお菓子の袋にも伸びていた。日が経つにつれその行列は長さを増し、台所につながる階段を下り、キッチンの天井の小さな穴までつながっていた。掃除した時点では気がつかなかったのだが、この宿舎は人間の住居というより、アリハウスだったのだ。アリたちは、お菓子はもちろん、町で買った即席ラーメンの袋を破り乾麺の中まで侵入して食い荒らした。食物だけでなく、私のパソコンに侵入して中に巣を作り、パソコンを開けると卵が大量に出てきたこともあった。日本だとアリの巣ごと壊滅させるさまざまな殺虫剤が市販されているが、サバ州には効果のあるものはなかった。タビン駐在の野生生物局のスタッフも同じ状況にあったが、食べ物にアリが群がっていても皆とくに気にすることなくアリハウスで淡々と暮らしていた。

家の中だけでなく、森の中でもアリの脅威にさらされた。家の中に大量にいた小さなアリは噛まれてもチクッとするだけで済む。しかし、現地でヒアリと呼ばれる奴らは違う。彼らは毒針を持ち、ハチのように相手を刺して攻撃する。そして、ビリッとする痛みの後にじんじんとする痛みが約一分間続く。兵庫県立人と自然の博物館の橋本佳明博士に伺ったところ、最近日本でも移入が問題視されたアカカミアリ（通称ヒアリ）とは異なり、そいつはハシリハリアリの仲間だそうだ。夜行性が強いハシリハリアリは、夜に歩くときは一番身近な危険となる。ハシリハリアリの行列に足を踏み入れたら最後、ビリッとじんじんを一度に数十回味わうことができる。私たちが苦労して作った調査路の目印となるピンク色のテープも、結ぶ木を選ばないと翌日にはアリに切り落とされている。タビンで私は、人間が地球上から滅んだら、きっとアリが地球を支配するのだろう、と確信した。

3 はじめての追跡、そして撃沈

調査路の作成

夜の熱帯雨林に慣れた今は問題ないが、研究を開始したばかりの人が闇雲に夜に森に入るのは、と

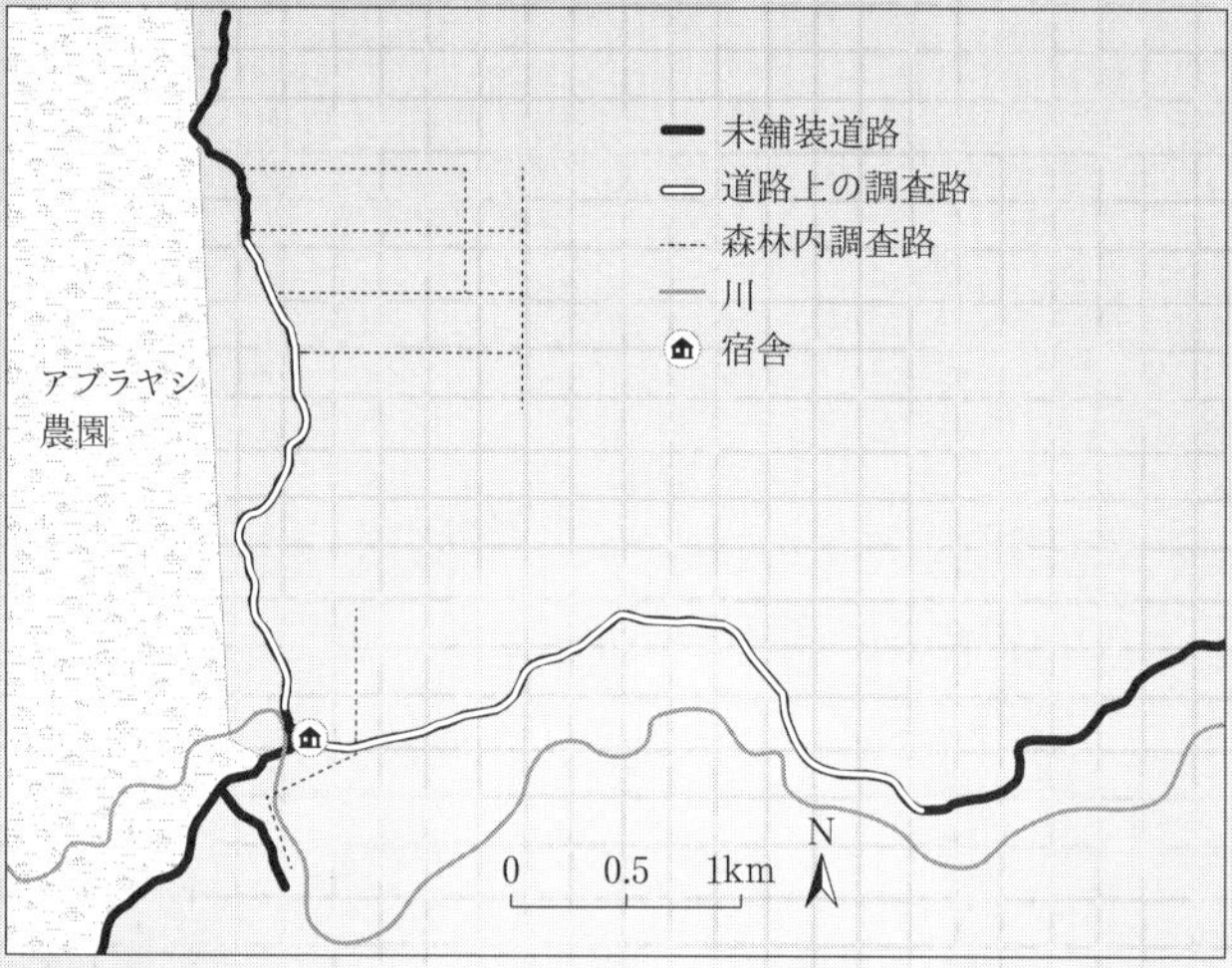

図4　調査地と調査路

懐中電灯で木々を照らすと、反射シールを貼り付けたテープが光って見える（矢印）。これらの光を目印にして歩く。下に写っているのはマレーシベット。

ても危険だ。まず、昼間に調査路を作成しておき、夜間はその調査路上のみを歩いて、感覚を養うことから始めることをお勧めする。調査路のルートには目印としてピンク色や黄色のテープをつけた。昼間はこれを比較的容易に発見できた。しかし、夜になるといくら目立つ色でも、闇に紛れてしまう。そこで、目印のテープの両面に反射シールを貼りつけた。そうすると、懐中電灯の光に反射して、暗闇でも調査路のルートがはっきり確認できた。そこで私は、昼間にひたすら森の中で道を作って調査路を延長し、枝や幹にテープを結びつけ、三センチ角に切った反射シールを両面に貼りつける作業に明け暮れた。目印のテープを結ぶ間隔を長くするとテープを節約できるが、森では昼夜関係なく、テープの間隔が一〇メートルも離れると、次のテープを探すのに一苦労する。せっかくつけたテープも何割かはアリによって切断されてしまうので、私は三メートル間隔でテープを結んだ。この作業で毎日ナタを振り下ろしたので、私の右腕はすっかり太くなってしまった。また、反射テープを貼りつけるには粘着面のシートを剥がす必要があったので、両手の親指の皮がずるむけた。一か月後、合計六・五キロメートルの調査路が六本完成した。ようやく夜間の森で調査をする準備が整った（図4）。

いよいよシベットを捕獲するときが来た。箱罠を数台用意し、とりあえず地面に設置した。シベットをおびき寄せるための餌はバナナだ。シベットは夜行性なので、夕方に仕掛けて翌朝に確認に行った。罠を設置して三日目だった。シベットがまんまと罠にかかったのだ。四種の果実食性シベットの一種、パームシベットだった。パームシベットは英名でcommon palm civetと表されるよう

はじめて自ら捕獲したパームシベット。麻酔をかけた後、
首輪型テレメトリー発信機を装着して追跡した。

に、ボルネオ島でもっとも普通（common）に見られる種である。修士研究を開始する前に一晩だけ仕掛けた罠にかかったのもこの種だった。森林はもちろんアブラヤシ農園、農村、市街地にまで姿を現すことがあり、ボルネオ島全域に生息している。[6] さっそく私はそのパームシベットに首輪型発信機を装着した。発信機には、余分なプラスチックや紐の部分をそぎ落として軽くした高度計を取りつけた。三〇分ごとに高度を記録するので、三〇分ごとにテレメトリー法で位置を確認し記録する必要がある。やっと調査らしいことが開始できる。ここまでたどり着くのに三か月かかった。

シベットの居場所の推定

シベットを捕獲したのはいいが、ここからが本番だ。シベットに装着した高度計は、三〇分ごとに自動的に高度データを蓄積する。しかし、データ記憶容量は有限なので、一か月分の高度データしか記録されない。つまり、捕獲日から一か月の間に、できるだけ多く追跡個体の水平方向の位置情報を集めなければならない。方法は、先述のテレメトリー法である。先ほどはさらっと書いたが、視界が悪い夜の熱帯雨林で発信器を装着した個体の水平方向の位置を推定するためには、三角測量法を用いるしかなかった。三角測量法とは、発信機の位置を中心点として測定位置と中心点を結ぶ直線が成す角度が少なくとも六〇度以上離れた二か所以上、できれば誤差を小さくするために三か所以上で、発信機から発せられる電波を強く受信した方向を記録し、地図上で各測定地点での方向を直線に表して、その直線が交わる点が発信機の位置、つまり追跡個体がいた場所だと推定する方法だ（図5）。ふつうは地図を用いて測定場所の位置を確認し、地形を読み取って発信機をつけた動物の位置を推定するが、タビンの詳細な地図はなかったので、GPSを用いて各測定場所の位置を記録した。通常一つの測定地点で発信機の方向を特定するのに、数分から数十分かかる。もたもたしていると追跡個体は動いてしまうし、その間に着々と高度データは記録されるので、素早くこれらの作業をしなければならない。三人が一定時間ごとに定点で方向を記録するのが一番効率がよいが、当時の私は三人分の機材も、追加の調査助手を雇う力も持っていなかった。

私が使用した八木式アンテナ（40ページ写真参照）は長さ一メートル、重さ一・五キログラムだったので、携帯して森林内を歩き回るのに不向きだった。つる植物や枝にからまるのでアンテナを広げたまま移動できず、いちいち畳まなければならないのだ。一か所で電波を受信した方向を一〇分以

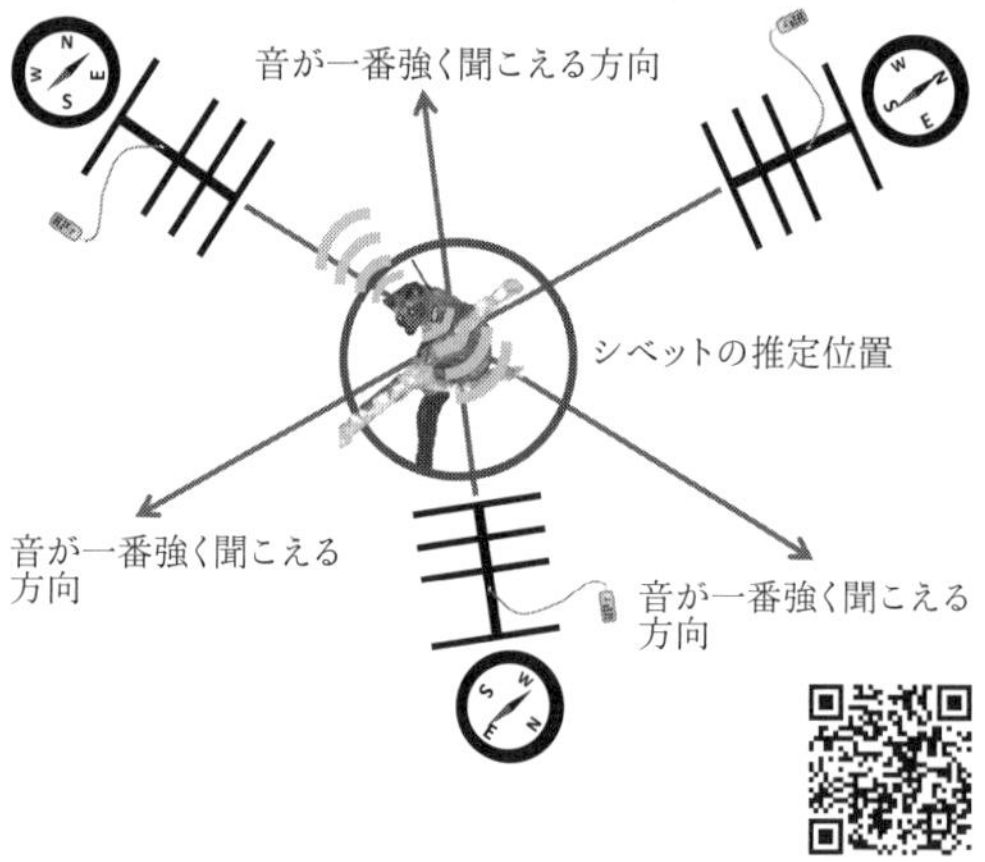

図5　テレメトリー法による動物の位置の推定

〈動画URL〉https://youtu.be/QM3tr5gSiu4

内で特定し、四〜八秒でアンテナを畳み、小走りで六〇度以上離れた場所に移動した。三角測量法は三地点以上で方向を記録するのが理想だが、私の研究は時間との闘いだったので、二点を特定するのに二〇分以上かかった場合は二点のみ記録した。シベットが動かない場合はよかったが、移動の最中は電波が不安定になり、移動し終えるまで方向の特定が困難だった。簡単にできる野生動物の調査など数少ないだろうが、夜行性、単独性、樹上性、森林性のうちどれか一つの要素でも逆転したら、どれだけ追跡が楽に感じただろうか。

　こうして何とか水平方向の位置データは掴み取ったが、肝心の高度データは、追跡個体を再捕獲しない限り手に入らない。パームシベットは確かに再捕獲が容易だ。しかしそれは特定の個体に限ったことで、私がはじめて発信機を装着した個体が再捕獲されることはなかった。つまり、一か月間必死で水平方向の位置データを取ったのに、その努力が水の泡になったのだ。パームシベットの行動圏はすでにタビンで研究されていたので、私の手元に残ったパームシベットの水平位置データだけでは、何も新しいことは言えそうもなかった。このときすでに帰国の日が迫っていた。

4 熱帯雨林の洗礼

作戦の練り直し

けっきょく、高度データはとれないままで修士一年目が終わった。同学年の子たちは着実にデータを集めていた。サバ州で野生動物の研究をした経験がある先輩方で、順風満帆な修士一年目を送った方は皆無だった。皆一様に苦労して、年月を重ねてやっとの思いでデータを取っていたのだ。だから、データがほぼゼロの私に焦りはなかったと言えば嘘になるが、私も先輩方と同じ道を歩んでいるのだな、と実感した。とはいえ、そんなのん気なことを思っていてはデータが集まらないので、修士二年目に向けて改善策を考えることにした。修士一年目の野外調査からわかったのは、高度計つき発信機だけに頼るのは危険ということだ。したがって次は歩き回ってシベットを探し、利用高度を直接測定する方法も同時並行で進めることにした。採食中の個体に遭遇した場合は、採食物も

アブラヤシ農園から未舗装道路を挟んだ向かいにある二次林に入っていった。〈動画URL〉https://youtu.be/x38M0SyPK9Y

記録する。こうして修士二年目の春を迎え、再び調査地タビンの地に降り立った。

修士二年目の研究は、森に張り巡らせた調査路を歩き回り、シベットを探すことに集中した。森から宿舎へと続く夜道をただ歩くのもつまらなかったので、帰路もシベットを探した。そうして日々を過ごすうちに、あることに気がついた。森から宿舎へと続く夜道、つまり未舗装道路を歩いているときの方が、森の中よりもシベットに遭遇する確率が高いことだ。森林内の調査路にたどり着くには、当然森に入る必要がある。森への入り口から宿舎までは二キロメートルの未舗装道路でつながっていた。タビンには、その宿舎へ続くものと、それとほぼ直角に伸びた未舗装道路の二本があった（48ページ図4）。そこで、次の日から雨の日以外はほぼ毎日、森林内調査路または一本の未舗装道路を二キロ歩いてシベットを探し、森林内部と林冠が開けた森林（道路上かつ道路脇の森林）でシベットの遭遇確率に差があるかを検証することにした。シベットの捕獲も同時並行で試みていたが、進歩はほとんどなかった。

ヤミスズメバチに刺される

その夜は未舗装道路を歩く日だった。日中から雨が降らず、乾燥していた。そして、普段は宿舎以外ではめったに目にすることがなかったヤミスズメバチという夜行性のスズメバチの仲間がやけに多かった。このハチは、スズメバチ科では例外的に新しい女王バチの誕生後に古い女王バチが働きバチの一部を連れて巣を出て、新しい営巣場所を探す習性（分蜂）があるので、ちょうどその時期だったのかもしれない。道路を二キロ歩き終え、夜間調査を終えて帰ろうとしていたときだった。帰り道にシベットに遭遇するかもしれないので、懐中電灯で周りを照らしながら歩いていたところ、二匹のヤミスズメバチがその光につられて寄ってきた。ハチを刺激しないために、すぐに私は懐中電灯を消して動きを止めた。すると、二匹のヤミスズメバチは私の腕に止まり、歩き回りだした。恐怖とこそばゆさを我慢しながら、ハチたちが腕から飛び去るのを待った。三分経過しても、まだ私の腕を徘徊していた。突然、全身に雷が落ちたような衝撃が走った。一匹のハチが、私の手首を刺したのだ。驚いた私は反射的に体を動かしたので、二匹のヤミスズメバチの攻撃のスイッチが入った。彼らはさらに私の顎と頬を刺して、仲良く闇の世界に戻っていった。動かなかったはずなのに、なぜ刺されてしまったのかまったくわからなかった。初めから刺す気だったのなら、腕に止まった瞬間に刺してくれよ。しかし、そんな思いが頭を支配するより前に、激痛が体を支配した。ヤミスズメバチは日本のアシナガバチくらいの大きさだが、刺されたときの痛みは桁違いだ。小学五年生の頃、鉄パイプの中のアシナガバチの巣作りを観察していると、アシナガバチの逆鱗に触れて刺されたことがあった。そのときの痛みを一〇とすると、このときの痛みは五〇〇〇だった。二匹に三か所を刺されたので、一匹に刺された場合の痛みはわからないが、とにかくズンズンという鋭く重い痛みが一・五秒ごとに全身を走った。普段持ち歩くことはなかったが、一週間くらい前からなんとなくリュックサックに入れていた吸毒器を取り出し、腕の刺し傷に当てた。すぐに吸毒器の先端のキャップは体液で溢れかえった。次に頬、顎を吸毒した。これで痛みは引くだろうと思いきや、ズンズンは強さを増していた。すぐにでも宿舎に戻りたかったが、宿舎まで一・六キロあった。またヤミスズメバチが寄ってくると思うと懐中電灯を使うのは怖かったが、シベットがいる可能性もあるので痛みに耐えながら木々を照らして歩いた。時間が経つにつれて痛みは倍増した。まだ毒が体内に残っていたのだろう。宿舎まであと四〇〇メートル。こういうときに限って、普段姿を現さない奴が現れた。向かって左側の木を照らすと、目の反射があった。懐中電灯の電池が切れそうだったので光量が足りず、姿がよく見えない。近くに行って確認すると、ギランイヌビワ（*Ficus variegata*）というイチジクの木で採食中のビントロングだった。ヤミスズメバチに刺されていなかったらその場に居座って観察をしただろうが、痛みに耐えきれなかった。一〇分ほどビントロングを観察し、採食した高さだけを記録して家路を急いだ。明日もこの木に来てくれ、と願いながら（が、来てくれなかった）。

宿舎に戻ると、すぐに流水で患部を冷却した。しかし、タビンの水は生ぬるく、まったく冷えている感じがしない。しかも、川から引いた水をタンクで浄化していたが、タンク自体に汚れが蓄積していたので衛生的ではなかった。冷蔵庫に氷がなかったので、宿舎から四〇〇メートル離れた場所にあるリゾート施設を訪れた。氷をもらって、患部を冷やしながら宿舎に戻った。この時点で、刺されてから一時間半が経過していた。はっきり言ってもう手遅れだが、冷やしたら痛みが治まると信じて冷たさで感覚が麻痺しても冷やし続けた。この間も、ズンズンは頭の頂点から足の裏までを突き抜けた。次に、お茶葉作戦をとった。渋柿に多く含まれ、植物由来の食品の渋みを作るタンニンは、スズメバチの毒を不活性化する。日本から持ってきた茶葉があることに気が付いた。茶葉に含まれるタンニンが毒を不活性化してくれるかもしれない。普通に飲みたかった、と思いながら茶葉を濡らし、患部に当てた。しかし、タンニンが効力を発するのはスズメバチに刺された直後だ。この時点でお茶葉作戦をとっても、すでに手遅れだった。こうしてお茶葉作戦も失敗し、ただ痛みに耐えるだけの時間が続いた。ズンが来るたびに頭が真っ白になる。この感覚は、三年前に味わった歯医者での体験と似ていた。私の下顎の親知らずは横向きに生えていた。しかも、最初は根が横向きに生え、次第に普通の歯と同じように上向きになったが何を思ったかまた横に倒れたので、歯の根が歯茎の中でフックのように引っかかっていたのだ。コの字型になった歯を二分し、上半分は簡単に除去できたが、下半分はつまみ出しても根元がなかなか出てこなかった。処置に一時間以上かかり、度重なる追加の麻酔もついには効かなくなった。歯茎にメスを入れられただけなのにこれほど痛いのか、と思うほどの激痛が全身を支配した。

しかし、ヤミスズメバチの攻撃は、これを軽く上回る痛さだった。ズンズンだけで済むならば我慢できたのだが、痛みがいちいち心臓部に響いた。鼓動が速くなり、汗も額ににじんでいた。これはもしや死期が迫っているサインなのか。シベットの共存機構についてまだ何もわかっていないのに、ここで死んだら無念すぎる。時刻は午前3時を回っていたので、眠気がやってきた。しかし、今寝てしまうと心臓の鼓動が停止するかもしれない、という不安に襲われた。後から考えると非常に大げさだが、死を連想させるくらい痛みが強かったのだ。夜が明けて病院に行ったが、すべては手遅れで、特別な処置はしてもらえなかった。幸い、すぐに吸毒したので腫れは小さく、痛みも一日で弱くなった。普通は、一匹のヤミスズメバチに一か所刺されたら三日は腫れと痛みが続くそうだ。

この経験の後、私は常に吸毒器を持ち歩いている。一度に三か所をヤミスズメバチに刺される経験をすると痛みの閾値が一気に上がるらしく、その後怪我や病気をしても、これくらいの痛みなら痛いうちに入らないと脳が判断してしまい、異変に気がつくのが遅くなってしまった。これも熱帯雨林で研究をする代償なのだろうか。

シベット研究の難しさ

虚しく月日は流れ、修士二年目の野外調査が終了した。実質二一〇日の調査で森林内の調査路七〇キロメートル、未舗装道路七八キロメートルを歩いてシベットを探し回った結果、パームシベット計二〇回、ミスジパームシベット計四回、ビントロング計一回の観察しかできなかった。帰国していざ修士論文をまとめるとなると、大きな問題に直面した。ボルネオ島やシベットに興味を持った当初からの課題である共存機構の謎を解くどころか、シベットのことは何もわからなかったからだ。けっきょく、修士二年間の研究では、果実食性シベットがどのようにしてボルネオ島の熱帯雨林で同所的に生息しているか、という謎を解明するのに十分なデータを集めることはできなかった。手持ちのデータは、シベットを目視した際に記録した地面からの高さ、シベットの捕獲成功頻度、シベットの採食品目、テレメトリー発信機を装着して追跡したパームシベット五個体分の水平方向の位置情報、そしてシベットを含む夜行性動物の推定密度と遭遇頻度だった。こう書くといろいろデータを集めたように思われるかもしれないが、すべての項目でデータ数が少なかった。ほぼ毎夜森を歩いて地道に集めた夜行性動物の密度と遭遇頻度のデータも、ぎりぎり解析に用いても問題ないというレベルだった。対象動物にもよるだろうが一～二年の研究期間では、野生動物のことはほとんど何もわからないのだ。

そもそもの難しさは、ほとんど研究されていない種を研究対象としたことにあった。パームシベットは、どんな環境にも適応できる人為的攪乱に強い種[6]なので、どの生息地でも実際に目にする機会は多いと考えられる。それにもかかわらず研究例が少ないということは、研究者が研究したがらない動物なのだ。要因はいろいろ考えられるがやはり、夜行性、半樹上性、単独性という研究者を敬遠させる三拍子揃った生態にあるのだろう。シベットを研究対象にしたのは、無茶だったのか。そんな疑問が浮かんだ。いや、そんなことはけっしてない。直接観察が比較的容易にできる動物も、昔はそうではなかったはずだ。調査地や保護区を最初に設立した人の苦労と努力があったからこそ直接観察が可能になり、現在の人はその恩恵に与っているのだ。先人の努力のおかげで安定した観察が可能になり、そうした環境でしかできない研究もある。しかし、熱帯雨林で調査をする限り、何の苦労もなくできる研究はない。むしろ、そうした苦労を味わえる貴重な経験をさせてもらっていることに感謝すべきだ。が、修士論文にまとめるだけのデータがない。毎日毎日もがき苦しんだ。そして、手持ちのデータからは、パームシベットの未舗装道路の使用についてしかまとめられないという結論に行きついた。

5 パームシベットが好む環境

森林内部と道路沿い

タビンで調査中に、未舗装道路など林冠が開けた場所でパームシベットをよく目撃した、と書いた。道路は視界が開けているから発見しやすいということも考えられるが、森の中でしか遭遇しない動物もいる。もしかすると、パームシベットは好んで開けた環境を利用しているのかもしれない。

それを確認するために、シベットの捕獲成功頻度、テレメトリーによる個体追跡、シベットの遭遇頻度のデータを使用することができる。林冠が開けた環境を未舗装道路から三〇メートルの範囲と定義し、林冠が開けた環境とそれ以外の閉じた環境で、パームシベットの捕獲成功頻度、遭遇頻度を比較した。そして、個体追跡で取得した位置情報から、各個体の行動圏内に含まれる林冠が開けた環境の面積の割合と、シベットが実際に開けた環境にいた割合を比較した。その結果、捕獲成功頻度、遭遇頻度ともに林冠が開けた環境の方が有意に高く、活動時間帯に林冠が開けた環境を好んで利用していることがわかった[7]。注目すべきは、活動時間帯にのみ開けた環境を好んで利用し、非活動時間帯にその傾向はなかったことだ。パームシベットは、繁殖期以外は活動している間ほとんどの時間を採食に費やすと考えられる。つまり、採食のために林冠が開けた環境を好んで利用していることになる。そこで、パームシベットが採食する果実量を、未舗装道路沿いと森林内部で比較した。その結果、未舗装道路沿いの方が森林内部よりも果実量が多いことがわかった。

熱帯雨林と聞くと、ドリアンやマンゴーなどのトロピカルフルーツが年中木に実っている果物の楽園、とイメージされる方が多い。しかし、ボルネオ島も含めて実際の熱帯雨林はそのような楽園ではない。ボルネオ島は、果実生産が不定期かつ低調で、果実を主食にする動物は毎日過酷なサバイバル生活を送っているのだ。数年に一度訪れる、一斉結実期を除いて。一斉結実とは、不定期な間隔で森林内の多くの樹木が同調して開花する一斉開花に引き続いて起こる現象だ。一斉開花・結実期の森林を歩くと実に楽しい。私が調査をした森林は、低地混交フタバガキ林に分類される。フ

一斉開花期の林床

フタバガキの花で覆われた森林内のトレイル。
種類によって形や色が異なるので、どの木から
落ちたのか探すのがこの時期の楽しみの一つ。

タバガキとはフタバガキ科に属する木の総称だ。ボルネオ島は、フタバガキ科の種多様性が非常に高いことで知られる。[8] 森林をフタバガキが優占しているので、フタバガキが開花・結実すると森の表面がその花や果実で覆われるのだ。この時期の森の中に入ると、刻々と変化しているが日々同じことが繰り返されるいつもの森が一変する。まるで桜のように、フタバガキの花が静かに舞い乱れる。いつもの赤茶色の地面は、舞い降りた花びらで真っ白になる。日本で桜の花を目にする季節になると、これまで耐え忍んだ冬の厳しい風とは対照的な、肌に優しく触れる風を感じる。しかし、ボルネオの桜吹雪は風に乗ることもなく、季節の移り変わりを感じさせることもなく、ただ深々と降る。一斉開花期は、ボルネオ島の熱帯雨林で日本のものとはまったく異なる桜吹雪を体験できる貴重な時間だ。開花が終わると、結実が起こる。野生のドリアンやランブータンなど、さまざまな樹種が結実するので、ふだん粗食に耐えていた動物たちは、束の間の果物の楽園を満喫する。木いっぱいに実ったフタバガキの果実を見ると、まるで大勢のてるてる坊主たちが、「あーした天気にしてやるよー」と合唱しているようで、思わず微笑んでしまう（口絵6ページ）。こうして私も、束の間の森のお祭りを楽しむのだ。

パイオニア植物の果実

脱線してしまったが、森林内部には果実が少ないことはおわかりいただけたと思う。では、なぜ未舗装道路沿いに果実が多いのかを説明する。未舗装道路の林冠は開けているので、太陽光が森林内部よりも多く入る。そのため、生育に多くの光を必要とするパイオニア植物（植物群落の遷移の初期段階で定着する植物のこと。裸地や攪乱された土地でも生育できる。多くの種は小さい種子を作り、林冠が開けた環境で素早く生長できる）のような陽生植物が優占している。陽生植物は、光量が多い場所での光合成量が大きいため、開けた場所で多くの日光を浴びて急速に生長する。好景気（光量が多い）のときに大量生産（光合成）して大儲け（糖類の合成および生長）をするが、ひとたび景気が悪くなる（光量が少ない）と生産ラインが停止して（光合成の反応の停止）、倒産（枯死）する会社、とイメージすればわかりやすいだろうか。つまり、光環境が良い場所でぐんぐん生長し、果実もどんどん生産する。こうした陽生植物の密度が高い未舗装道路では、結果として森林内部よりも果実量が多くなるのだ。実際、パームシベットはおもに陽生植物からなるパイオニア種の果実をよく食べている。[9] 食物（パイオニア植物の果実）を手に入れやすいから、パームシベットは活動時間帯に好んで林冠が開けた環境にいたのだ。

未舗装道路沿いは、人工的に作られた環境だ。先行研究で、多くの野生動物は道路を避けることがわかっている。実際、道路上でパームシベットの轢死体を何度も見たし、捕食者や密猟者の目にもつきやすいので、安全な環境ではない。彼らは、非活動時間帯つまり休息時にはこのような場所はあまり利用しない。食物を獲得して生きていくために、パームシベットはあえて危険な環境を利用する選択をしたのだ。パームシベットは、ジブリ映画の「平成狸合戦ぽんぽこ」に出てくる都会で暮らすタヌキたちのように、エナジードリンクではなくパイオニア植物を片手に、一生懸命毎日

大規模な伐採を経験したタビンの森は、直径が細くまだ若い木が多く見られた。

未舗装道路沿いの森は草本性のつる植物に覆われていることが多く、森に入るにはこうしたつる植物を切り払う必要があった。

パイオニア植物の採食

オオバイヌビワ（*Ficus septica*）という典型的なパイオニア植物のイチジクの木で採食していたパームシベット。

を生きているのだ。と書くと、パームシベットは戦略的に生きる苦労性の動物だと思われるかもしれない。しかし、実際はもっと場当たり的に生きているかもしれない。捕獲をしていたとき、何度も同じ個体が罠に入った。なかには以前私が捕獲して首輪型発信機を装着したことがある、再捕獲個体もいた。餌の果実が目に入る（真っ先ににおいで感知する）と、捕獲されたことを忘れて何度も罠にかかってしまう愚か者なのかもしれない。しかし、考えようによっては、毎回おいしい果実が食べられるし、罠の中で数時間我慢すれば必ず逃がしてくれるので、罠を楽に食物が手に入る部屋のように思っていたのかもしれない。ともあれ、大きな謎はなぜそんな間抜けに思えるシベットが今日まで生き残れているのかだ。パームシベットたちがどう思って生きているのかは、まだわからない。今後パームシベットの研究が進展するか、ほんやくコンニャク（ドラえもんのひみつ道具の一つ。食べると他言語を話す生物や言語を使用する人工物と会話できる架空のコンニャク）を引っ提げてドラえもんが登場するか、どちらの日が先に来るのか楽しみだ。

⑥ 悩みの日々

修士論文は完成して無事受理されたものの、私の心は晴れなかった。自分が知りたかったことに対する答えが出ていなかったからだ。何のために合計約一年間も調査地に滞在して、ほぼ毎日森に出かけたのか。いくら努力しても、結果が出なければその努力は意味をなさない。このまま研究を続けても、結果が出なければ博士号を取得することができないし、数年間が水の泡になる。歳を重ねた今なら、若い時分の数年間なら無駄に過ごしてもその後に大して影響しないものだ、と思うこともできる。しかし、若かった私はこのような考えには至らなかった。祖母は、やりたかったこと、見たかったもの、行きたかった場所をたくさん残してこの世を去った。祖母はどれほど悔しかっただろうか。願望をすべて叶えてから亡くなる人はけっして多くはないだろう。私は、いつ死に直面してもよいように覚悟を決め、少しでもこの世に後悔の念を残すことがないよう毎日を大切に生きようと心がけていた。だからこそ、明日をも知れぬ想いで調査に打ち込んだのに、流した血と汗と涙が実を結ばなかった。それがわかったときに笑い飛ばしてまたやり直そうと思える度量は、私には備わっていなかった。研究者という幼少の頃からの夢は、叶えられないのかもしれない。憧れていた世界に足を踏み入れたものの、これまで調査のために過ごした日々が後悔になるのならば、諦める潔さも必要かもしれない。一週間で体重が五キロ落ちるほど私は悩み抜いた。

そうした日々を送っているうちに、あることに気がついた。私の修士研究は失敗に終わった。しかし、シベットを調査対象に選んだことやタビンで合計一年間にわたって過ごしたことをまったく後悔していなかったし、むしろそうしたいろんな苦労も含めて楽しかったのだ。毎夜森を歩いて夜行性動物を探した。暗闇の中、懐中電灯の明かりだけを頼りにシベットの観察をした。修士二年目の終わり頃には、夜行性動物を見つけるのが調査助手や現地ガイドよりもうまくなっていた。こうした経験は、世界中の誰もができるものではない。博士課程に進学して、修士研究で培った経験を武器に、また挑戦してみるのもいいかもしれない。ここで諦めたら、夢の中で祖母と交わした「動物博士になる」という約束は果たせない。優しくうなずいてくれた祖母を天国で悲しませるわけにはいかない。萎れかけていた気持ちを奮い立たせ、博士課程に進学して、研究を続けることにした。シベットのことを不思議に思って研究したいと思い続けてきたのに、その答えが出せていない。原点に戻って、またがんばろうと決めた。二度と「諦める」という言葉を口にしない決心とともに。

3章

大きなイチジクの木の下で

共存の秘密に迫る

1　原点の森、ダナンバレーへ

博士研究テーマの決定

博士研究ではタビンを離れ、高校生のときに訪れたダナンバレー自然保護区（以下ダナンバレー）を拠点とすることにした。原点に戻るという意味で、ボルネオ島で最初に訪れた森に帰りたかったからだ。ダナンバレーのおもな住民は、ダナンバレー・フィールドセンターを管轄しているサバ財団のスタッフと、イギリスの王立協会が設立した東南アジア熱帯雨林研究組合というプロジェクトで雇用されているスタッフだった。フィールドセンターから車で九〇分かかる場所に観光客向けの高級宿泊施設のスタッフの拠点もあるが、めったに行くことはなかった。人口約五〇人のダナンバレー・フィールドセンター村に、日本から来た学生が居候させてもらうという感覚だった。その頃には生活に困らない程度のマレー語は使えたので、私はすぐにダナンバレーの村人たちと打ち解けた。王立協会のプロジェクトのスタッフたちは、ダナンバレーで研究をする学生や研究者の調査助手として雇用されており、私と同年代がほとんどだった。また、ほとんどがサバ州の田舎出身だったので、森が好きだった。ダナンバレーにやってくる学生や研究者の多くは、植物生態や環境破壊による影響、フンコロガシやアリ、シロアリなどの昆虫を研究テーマとする欧米人だったので、彼らにとって私のように直接観察や発信機を装着して哺乳類を研究するアジア人学生は珍しく、親しみやすかったのだろう。休みの日は彼らと森に入って動植物を観察したり、木登りをしたり、川に入って遊んだ。幼少期に戻ったようだった。心の底から笑ったのは、何年ぶりだろうか。直線や直角の街、人工的な色、簡単に再現できるにおい、型にはまりきった音に囲まれて過ごしているうちに、私の感情、とくに笑いの質は低下していたのかもしれない。森の中での私の笑いは、間違いなく街にいるときのものよりも、高質で純粋だった。

ダナンバレーでは生活面で苦労することはなかったが、問題は肝心の研究だ。修士研究に引き続きシベットの研究をすることにしたが、博士課程に進んだからといって、観察の難しさは変わらない。発信機をつけて追跡したり、歩き回って探したりしても、修士研究の二の舞になるだけだ。確実にデータが取れる方法はないか。そのとき私はタビンでのある経験を思い出していた。あとで詳しく説明するが、タビンでエビメセンドック（*Endospermum diadenum*）というパイオニア植物の木の近くに座り込んで観察をしたことがあった。一晩で三個体のパームシベットがその木を訪れ、個体間交渉の観察もできた（本章第6節）。パームシベットは採食しだすと、懐中電灯で照らしても、採食している木の真下で観察をしても、こちらが不審な動きをしたり危害を加えようとしたりしない限り、けっして採食樹から離れないのだ。肝が据わっているのか、単に食に貪欲なだけなのかはわからないが、この性質は観察する上で非常に有利だった。採食に関するデータなら取ることができる。ならばシベットの種内および種間で採食行動を観察し、相違点を明らかにしよう。追いかけてだめなら来るのを待とう。じっくり観察して、採食行動の観点からシベットの共存機構を解くヒントを見つけることにした。

シベットを待ち伏せる

私がそれからの二年間を過ごしたダナンバレー・フィールドセンターは、約四〇年前まで択伐が行われていた攪乱された若い二次林と、あまり攪乱されていない状態がよい森林の境界に位置している。若い二次林はタビンで存分に経験したので、後者の、状態がよい森林で調査をすることにした。棘がついたつる植物と闘うのはもう懲り懲りだ。

状態がよい森林に立ち入るにはセガマ川にかかる吊り橋を渡る必要があった。橋を渡った先の森にはタビンと違って旧伐採道がないので、パイオニア植物の密度は圧倒的に低かった。まず、多くの動物が採食するイチジクの木を探すことから始めた。イチジク自体は見つかるのだが、夜間観察をするため、樹冠全体が見えて樹高が高すぎない個体を探すのに手こずった。何とか観察に適した四個体のイチジクを見つけた(82ページコラム2写真参照)。あとは結実を待つだけだ。その間、シベットの捕獲および発信機の装着を試みた。

タビンでは、地面に捕獲罠を設置してパームシベットを捕獲したが、他の種の果実食性シベットは捕獲したことがなかった。おそらく、樹上に設置しないと捕獲できないのだろう。しかし、樹上であればどこにでも罠を設置すればよいわけではない。樹上性動物はある程度決まった枝づたいを利用するので、ターゲットが確実に通る枝を選ばなければならない。

ダナンバレーに入った二週間後、樹冠が大きいムラサキソクケイ（*Ficus binnendijkii*）というイチジクが結実したので、イチジクの木の下で寝転ぶために担架を持ち込み、二四時間体制で果実食性シベットが来るかどうか、モニタリングを始めた。すると、二日間で一頭のパームシベット、四頭のミスジパームシベット、一頭のビントロングを確認した。ビントロングはタビンで見た個体よりもさらに大きく、最初マレーグマと見間違えたほどだった。タビンで二年間あれほど歩き回って探したにもかかわらず、パームシベット以外の二種は五回以下しか観察できなかった。それが、ダナンバレーに入ってたったひと月足らずで観察できた。これは幸先がよい。私は、この木に捕獲罠を設置することに決めた。できるならパームシベットもミスジパームシベットもビントロングも捕獲したい。

ビントロングを捕獲するための巨大罠。けっきょくこの罠には何もかからなかった。

しかし、ビントロングの大きさを目の当たりにした私は、用意した捕獲罠では小さすぎると気がついた。

翌朝ダナンバレーのスタッフにそのことを相談すると、ダナンバレーにある資材で、ビントロング用の捕獲罠を作ってくれるという。彼らは慣れた手つきで格子状の金網を箱型に組立て、あっという間に、ビントロングが罠の奥まで入ると自動的に罠の蓋が閉まる仕組みの、大人一人が優に入れる巨大な捕獲罠を作ってくれた。

罠とプレゼント

いよいよ罠の設置である。じつはタビンでも自分で木に登って罠を設置したことはあった。幼い頃から木登りは得意だったので、体重の何割くらいを枝や幹のでっぱりに預けてもよいのか、体が覚えていた。樹種にもよるが、熱帯雨林の木は木本性のつる植物が纏わりついているものが多く、それが手をかけるための足場になったので、日本のカキや樹高が低いアカマツほどではないが比較的登りやすかった。しかし、素手で登っての設置はせいぜい一〇メートルが限界だ。ダナンバレーでは、ロープクライミングのライセンスを取得した調査助手と登攀道具がそろっていたので、今回は彼らの力を借りることにした。巨大罠が完成したその日のうちに木に登り、場所を吟味して、タビンで調査したときはけっしてたどり着かなかった樹上三〇メートル地点に罠を設置した。それ以外にも、パームシベットとミスジパームシベット用の捕獲罠を二個樹上に設置した。樹上の罠は丸い

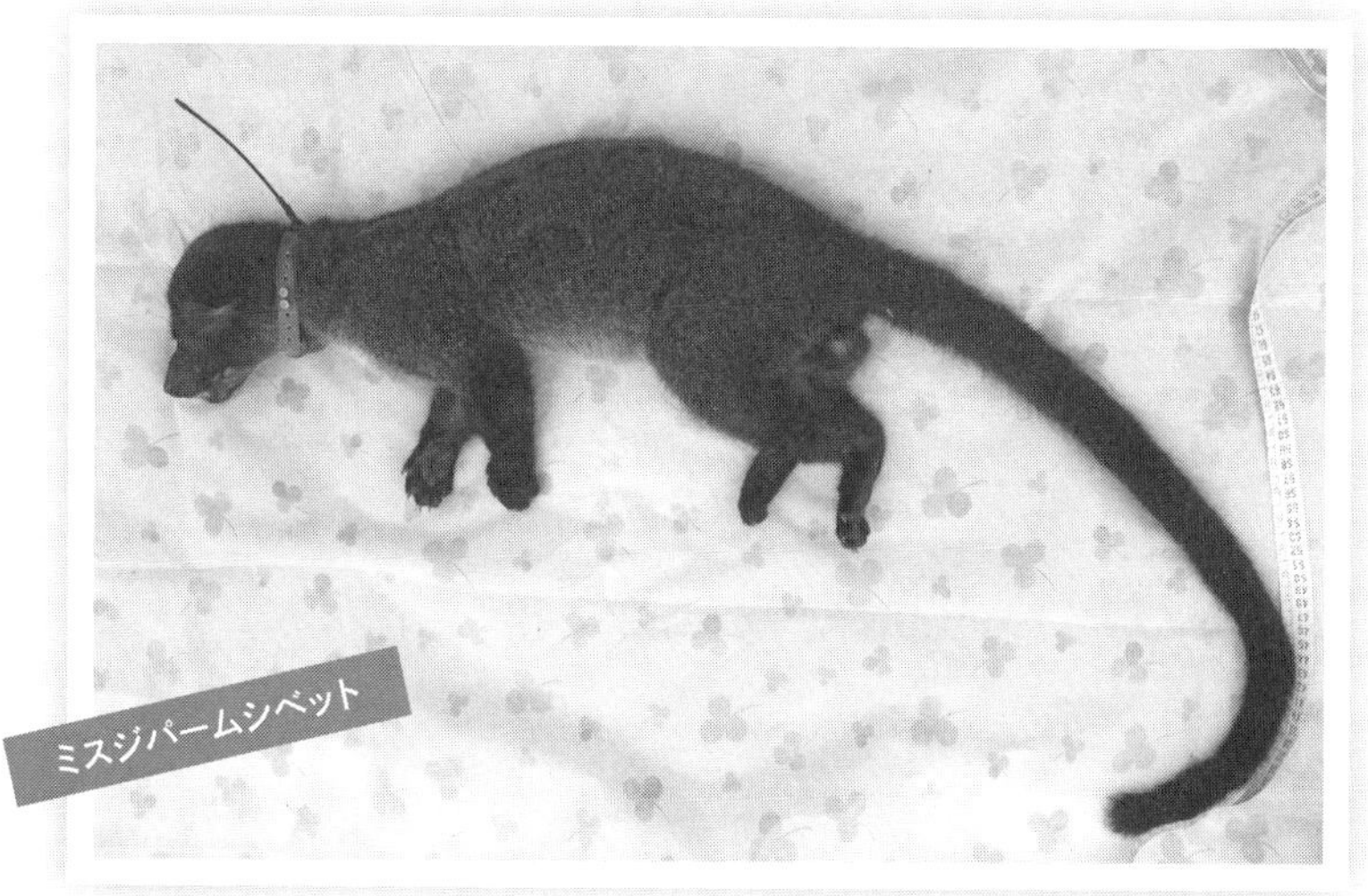

はじめて捕獲したオス。

枝にきつく結びつけただけで不安定なので、動物が入るとすぐに降ろす必要がある。私と観察につき合ってくれた友人たちは、近くの小屋に泊まり込みで一時間おきに罠に動物がかかったかを確認しに行った。成果がないまま三日が過ぎ、張り込み四日目も終わりに近づいた23時、ベッドで寝たい欲求が頂点に達しそうになったころ、小さな罠に何かが入っているのを確認した。すぐに皆で結実木の下に駆け寄り、木登りのライセンスをもっている調査助手が木に登って罠を地面に降ろした。時刻は0時をまわっていた。罠の中には、ミスジパームシベットが入っていた。これまでミスジパームシベットの生態研究はまったくおこなわれていなかったので、この個体を追跡すれば世界ではじめての研究ができる。奇しくも、その日は私の二五回目の誕生日だった。最高の誕生日プレゼントだ。罠の中のミスジパームシベットは、タビンで捕獲したことがあるパームシベットと違い、とても大人しかった。一時間くらい罠に布を被せて落ち着かせた後、麻酔をかけて発信機を装着した。私たちはこの個体を、木に登って罠を降ろしてくれた調査助手の名前にちなんでウンディン（Unding）と名づけた。

その後も結実終了まで粘ったが、けっきょくこの木ではこの個体しか捕獲できなかった。しかし、この木で観察および捕獲をしたことがきっかけで、ひとつの重要なことに気がついた。シベットは午後8時から午前0時と、私がもっとも睡魔に襲われる午前2時から3時の間に活発になり、夜が明ける午前5時半ごろまでには結実木を去る。つまり、シベットを待ち伏せて観察するには徹夜しなければならないのだ。

2 怒涛の55徹

夜間張り込みの装備

ミスジパームシベットの他に、パームシベットにも発信機を装着して追跡していた頃、夜間観察のために選定したスイドウボク（*Ficus fistulosa*）という種のイチジク個体が結実しはじめた。この種はオスの木とメスの木がある雌雄異株というタイプのイチジクで、私が観察した木はメスだった。夜間観察には懐中電灯が必需品だ。懐中電灯は明るいものが良いが、白色光は夜行性動物の目を眩ませるので、オレンジ光のものか、白色光に赤いセロファンを貼って観察をする。夜行性動物の目は少ない光量でも見えるようになっており、夜の野外の数千倍の光量を持つ懐中電灯の光を目に直接当てると失明させる可能性があるので、絶対に動物の顔（目）を照らしてはいけない。懐中電灯は可視範囲が限られるので、動物の体表面の温度を感知して一目で動物がいるかどうかを確認できる赤外線サーモグラフィーカメラがあるとなお良い。ただし、赤外線サーモグラフィーカメラの倍率は二〜四倍程度なので、詳細な観察には不十分だ。そこで、双眼鏡が必要となってくる。樹上性の動物の観察には、七〜一〇倍率のものが適している。あとはノートとペンさえあれば、夜行性動物の観察はできる。

日本には登山専用の服や靴が数多くあるが、調査をしていくうちに、服は乾きやすいポリエステル製のシャツと長袖の上着、つる植物の棘や毛虫の毒針毛から足を守るための厚手の綿の長ズボン、靴は現地でアディダスカンポンという名で売られている、スパイクがついたゴム靴、靴下はヒルやヒアリによる攻撃を緩和するためにサッカーで使う長いものと普通の靴下を二枚重ねるのが、ぬかるんで高温多湿なボルネオの森で動き回るのにもっとも適しているという結論に至った（全身の総額約二五〇〇円）。夜間観察に出かけるときは、藪漕ぎをした際にできた穴やほつれだらけで、植物をナタで切ったときに出る木部樹液で汚れた服を身に纏い、ボロボロのノートと安いペンを両手に持つていた。しかし、ひとたび懐中電灯と赤外線サーモグラフィーカメラ、双眼鏡を身に着けると、全身の総額は約七〇万円に跳ね上がった。

調査に行くときはよいが、同じ格好で町に行こうとしたら、保護区に常勤しているスタッフ、いわゆる森の男たちに「おまえそんな身なりで町に行くのか?」と驚かれた。

夜も昼も見逃せない

夜の熱帯雨林は、音と色の世界だ。午後6時を過ぎたころ、「ファーンファンファンファンファン」や「ジー」というさまざまなセミの鳴き声を背景に、森が闇に染まってゆく。「ピューィ」と繰り返す昆虫の鳴き声が聞こえたら、夜の始まりだ。ここからは、視界は懐中電灯の光が届く範囲に限られる。五分に一回は結実木を照らして、動物をくまなく探す。一週間もすると、結実木に光を照らす前に動物の気配を感じ取れるようになる。シベットは、早いときで日没と同時刻、遅いときは午前

3時に結実木にやって来た。「ポッ、ポッ」というカエルの声が響く午後8時、夜行性動物たちが活発に動き、闇が一番美しい黒に変わる。午後10時頃、空気中の水蒸気が肌に触れ、寒く感じ始める。午前1時、夜の声が静まり、「ツー」という昆虫の声だけが寂しく鳴り響く。シベットがイチジクを貪る音が眠気覚ましになる。この頃から、闇に少し灰色が混ざりだす。午前4時、森はまだ暗い。しつこくイチジクを食べていたシベットが、ようやく森の奥の闇に帰ってゆく。午前6時を過ぎると、太陽の優しい光がゆっくりと森に入って来る。闇に青色が混ざり、視界が開けていく。早起きの鳥たちがさえずり始める。そうして夜が明ける。

当初、シベットは基本的に夜行性なので、徹夜覚悟で夜間のみ観察をするつもりだった。しかし、昼間にもサイチョウやカニクイザルがこの木を訪れていて、何だか楽しそうではないか。寝ている間に、何かおもしろいことが起こるかもしれない。寝ている場合ではない。徹夜明けで頭が回転していなかったのか、私はそう考えるようになっていた。フィールドワークは体が資本だ。継続的にデータを取るためには、体調管理、とくに睡眠がもっとも大切だ。そう頭ではわかっているものの、私の体は再び定点観察をした場所に向かっていた。

懐中電灯の光に頼らない昼間の観察は、心身ともに楽に感じた。太陽は、夜の世界とは違った音やにおいを作り出していた。サイチョウやカニクイザルの他にもリスが訪れたが、対象が小さいと採食行動を観察するのが難しい。さらに、イチジクの果実をかじったりついばむ小型動物は、丸のみするシベットの採食行動と比較できないので、記録する対象を体重二キロ以上の動物に絞った。太陽が南中する前後、一日でもっとも気温が高くなる時間帯になると、それまでにぎやかだった森に束の間の静けさが訪れた。昼行性動物たちの休息タイムだ。静かな環境で観察を続けているといつ寝落ちしてしまうかわからなかった。だから、午前11時半から午後2時半までは、私も休息タイムに入ることにした。しかし、この間もいつ動物が戻ってくるかわからないので油断することはできず、けっきょく寝ることはできなかった。観察を続けるうちに日が暮れ、夜になった。今度はシベットを観察するために、また眠ることはできない。けっきょく、午前4時まで夜間観察を続け、睡眠をとったのち、午前6時から昼間観察をすることにした。こうして、一日二時間を睡眠にあて、残りの二二時間ぶっ通しで観察を続ける、という怒涛の生活が始まった。

二時間しか睡眠できない日が続くと、判断力や思考力が低下して、怪我や事故につながりかねない。そこで、週に一度は休みの日を作り、思う存分寝た。明け方に寝床に入り、横になったときは本当に幸せだった。目を瞑ると同時に意識を失い、次に目を開けたら夜だった。それでもたった一分間しか寝ていないように感じた。そして、また徹夜の日々が六日間続く。いくら週に一度十分な睡眠時間を確保しても、毎日熟睡しないと疲労感は取れず、目の下のクマは日に日に濃くなり、まっすぐ歩けなくなっていた。観察を始めた当初は、長時間樹冠を見ていると首が痛くなって困ったが、徹夜を重ねるうちにそれが苦でなくなった。首の筋肉が発達したと思っていたが、痛いという感覚がなくなっていたことに後で気がついた。いよいよ体力の限界が近づいていた。イチジクよ、早く終実してくれ、切に願った。しかし、このスイドウボクはそう簡単に私の願いを聞き入れてくれなかった。けっきょく、この個体は五五日もの間結実したのだ。五七日目の朝、前日に引き続きこの木を訪問する動物が完全にいなくなったのを確認した私は安堵した。ようやく安心して眠ることができる……と思ったそのときである。ふと違和感を覚えてイチジクの木の枝に目を向けた私は自分の目を疑った。すべて食べられたか落下したかで果実がなくなった枝に、ぴょこぴょこと小さな果実（花嚢）が出てきているではないか。

「ぎょへぇぇぇー。」

幸い、果実内で種子が作られ動物に食べられる準備ができるまでまだ時間がかかることがわかったが、私はイチジクの生命力の強さに感服した。この調査で、パームシベット、ミスジパームシベット、キタカササギサイチョウ（以下カササギサイチョウ）、カニクイザルの採食を確認した。やっと終わった。そう思ったとたん、これまでの疲れが一気に噴出して、私は高熱を出して三日間寝込むことになった。

しかし、眠気との闘いの日々は終わったわけではなかった。これだけではたった一本のイチジク

大きな果実(果嚢)と小さな果実(花嚢)が同時になっている。

アエ　*Moraceae*）のパンノキ属の数種にも共通するにおいなので、私はモラセアエ臭と勝手に呼んでいる。曇天の日はとくにそのにおいが拡散し、朝から気分も悪くなった。半着生型・腋生性のシダレガジュマルとヨワジクセキカツカン（*Ficus kerkhovenii*）、ムラサキソクケイ（*Ficus binnendijkii*）は際立ってこのにおいが強く、森に入らずとも結実個体があることがわかった。同じ半着生型・腋生性でもケブカパサツキ（*Ficus cucurbitina*）やコマシロナガジクソクケイ（*Ficus virens*）には、ほとんどそのにおいはなかった。また、高木型のイチジクはもう少し柔らかいモラセアエ臭がした。動物たちも、好みのイチジクのにおいを嗅ぎ分けているのかもしれない。

Column 2

イチジクの森へようこそ

イチジクは種によって、生活型、果実の大きさ、つき方、熟したときの色など、さまざまな特徴がある。その一部を、私が定点観察したイチジク4種を例にご紹介しよう。

スイドウボク（*Ficus fistulosa*）という高木型の種は、幹から直接果実がなる幹生性で、果実の直径は約1.5センチ、熟しても果実の色は緑色〜黄色のままだ（イ）。ギランイヌビワ（*Ficus variegata*）という種は高木型、幹生性などスイドウボクと共通する性質をもち、果実の大きさもほぼ同じだが、熟したら果実は緑色から赤色に変わる（ロ）。シダレガジュマル（*Ficus benjamina*）という半着生型の種は、茎のつけ根に果実がなる腋生性だ。果実の直径は約1センチで、熟すると山吹色から赤〜濃赤色に変わる（ハ）。ナガバハンテンスイ（*Ficus annulata*）という種も、半着生型・腋生性だ。直径は約3センチとイチジクのなかでも大きい部類に入り、熟すると緑色から橙色に変わる（ニ）。観察当初は果実の大きさ、つき方や色の変化などの違いは動物の採食行動に影響するのかどうかを調べるつもりだったが、それぞれの木で採食した動物の種数や個体数があまりにも違ったので、この計画は頓挫した。

少しマニアックな特徴として、においがある。果実が熟すと、独特のにおいを放つ種がある。イチジクが属するクワ科（モラセでの観察例とあしらわれる。少なくともあと三本はこの作業を続ける必要があるのだ。結論から言うと、私はこの後もこの木の他にギランイヌビワ（*Ficus variegata*）、シダレガジュマル（*Ficus benjamina*）、ナガバハンテンスイ（*Ficus annulata*）の計四種四個体のイチジクで徹夜の観察を続けることになる。布団で横になって寝られることがどんなにありがたいのか、身に染みて感じた日々だった。

3 シベットの採食行動の特徴

シベットの苦労

五五日間徹夜して観察を続けた甲斐があって、果実食性シベットに共通する採食行動および種間で異なる採食行動が明らかになった。共通する行動は二点ある。一点目は、パームシベットとミスジパームシベットはどちらも結実木に長く滞在することだ。カササギサイチョウとカニクイザルは、結実木に来てから最長でも一時間で採食をやめて立ち去った。一方パームシベットとミスジパームシベットは、平均で二時間、長いときは六時間同じ結実木で採食を続けた。二点目は、シベットはイチジクの果実を食べる前に一つひとつにおいを嗅ぎ、そのなかから一つだけを取って食べることだ。カニクイザルは手を用いて素早く果実をもぎ取り、少しかじっただけでポイポイと捨てることが多い。なんと贅沢な食べ方だろうか。カササギサイチョウもシベット同様嘴を用いて果実を一つだけ摘み取るが、その果実を選択するのにシベットほど時間をかけない。

まず、なぜシベットは他の動物よりも長く結実木に留まるのかを考えてみよう。この観察ができたスイドウボク（*Ficus fistulosa*）は熟しても（イチジクが受粉可能になっても）果実の色は変わらず、緑色のままだ。これに対して、果実のつき方や樹冠の大きさがこの個体とほぼ同じギランイヌビワ（*Ficus variegata*）という種のイチジクは、熟すると果実が緑色から赤色に変化する。観察の結果、この種でもシベットがカササギサイチョウとカニクイザルよりも結実木に滞在する時間、食べる果実を選択する時間がともに長かった[1]。また、果実の色が変わる種と変わらない種の間で、シベットとカニクイザルが果実選択にかける時間に差はなかった。つまり、夜行性のシベットの果実選択には少なくとも色覚は影響しないことがわかった。大多数の陸生哺乳類は二色型色覚を持つ一方で、夜行性のげっ歯目と食肉目、霊

カニクイザル（00:00〜00:23頃）、オランウータン（00:23〜01:05頃）、テナガザル（01:06〜01:39頃）。カササギサイチョウ（01:39〜02:09頃）。シダレガジュマル（*Ficus benjamina*）での観察。
〈動画URL〉https://youtu.be/4OqiHO-HTFk

スイドウボク（*Ficus fistulosa*）の果実を食べるパームシベット。果実を慎重に選び、いちいち上を向いて食べる。3倍速で再生したくなるほどゆっくりしている。

〈動画URL〉https://youtu.be/Abw5W0ltsFc

長目の一部は一色型色覚しかもたず、色の識別ができない。おそらくシベットもそうだろう。また、カニクイザルを含む昼行性の霊長目のほとんどはヒトと同じ三色型色覚をもつ。カニクイザルは、色を頼りに食べる果実を選択するよりも、とにかく素早く口に入れて不味ければ捨てる、という方法で採食していた。しかし、嗅覚を頼りに採食するシベットは、結実木で丁寧に一つ一つ果実のにおいを嗅いでから食べる果実を吟味するので、結果としてすべてに時間がかかるのだ。

　ここでまた疑問が生じる。なぜ、こんなにも時間をかけて食べる果実を選択する必要があるのだろうか。カニクイザルのように素早く大量に体に取り込む方が、時間あたりに獲得できるエネルギー量が多くなるので有利なように思える。しかし、シベットはこのような採食方法を真似しようとしてもできないのだ。その理由として、形態の違いが挙げられる。まず、食物を獲得してから口に運ぶまでの段階でシベットは制約を受ける。カニクイザルを含む霊長類の多くは、手を用いて食物を口に運ぶことができる。手は普通二本あるので、片手が食物を口に運ぶのと同時に、もう片方の手で別の食物を掴むことができる。また、離れた場所にある果実を枝ごと引き寄せて食べることもできるし、枝を折り取って食べることもできる。したがって、手が使える動物は食物を口に取り込む効率が良い。一方、シベットは頭部を食物に接近させて直接口で食物を掴み取る。手は口からはみ出た食物を支える程度には使用するが、腕と指が短いので、食物を掴んで口に運ぶことはできないし、細い枝先にある果実を食べるために枝を掴んで手前に引き寄せることもできない。ただ、採食時に手を使用できる動物は少数派なので、これだけでは果実を食べるのにシベットが特別に不利とは言い切れない。

次に、食物を口に運んで消化をするまでの間でも、シベットは苦労している。ほとんどの哺乳類は、食物を効率よく消化するのに適した歯の形態を持つ。たとえば、果実食性が強い霊長類は、果実を噛みちぎり、すり潰すのに適した大きな門歯や広い臼歯を持っている。[2][3] フルーツバット（果実を主食とするオオコウモリ）も、果肉から果汁を絞り出すのに適した歯の構造をしており、歯数も独特である。[4] 一方で、シベットは他のジャコウネコ科の種と比較すると臼歯の幅が広くなっており、他の種よりも効率よく果実をすり潰すことはできる。しかし、食肉目特有の裂肉歯や発達した犬歯を持ち、全体的な歯の構造は肉食に適しているので、果実を細かく噛み砕くことはできない。[5] 食物を物理的に粉砕できないので、その分消化吸収効率も下がる。こうした形態の違いは、消化機構の違いにつながる。果実から得られるおもなエネルギー源は、糖質と脂質である。これらの栄養源は、ほとんどが小腸で吸収される。[6][7] カニクイザルが属するオナガザル科や、オランウータンやテナガザル

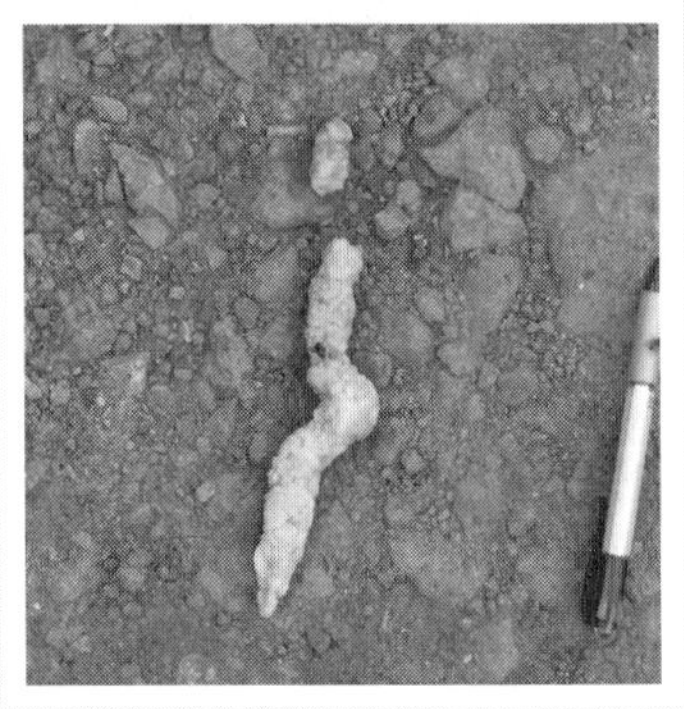

白い糞の中に、丸い種子と緑色の果皮が見える。宿舎近くに植えられたグァバの果実を食べたようだ。

アカアマウドノキ（*Leea aculeata*）の果実を食べたときの糞。この種の結実期に、林道やトレイルによく落ちている。糞に含まれる種子の数から、食べた果実の数がわかる。

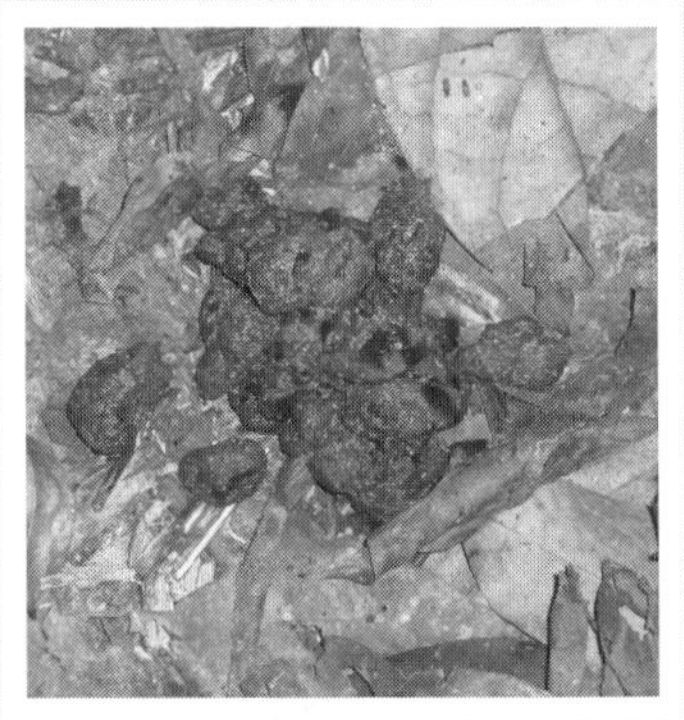

道路沿いでよく見かけるイチジク（*Ficus lepicarpa*）の果実を食べたと思われる。ここまで果実の形が残っているのはけっこう珍しい。

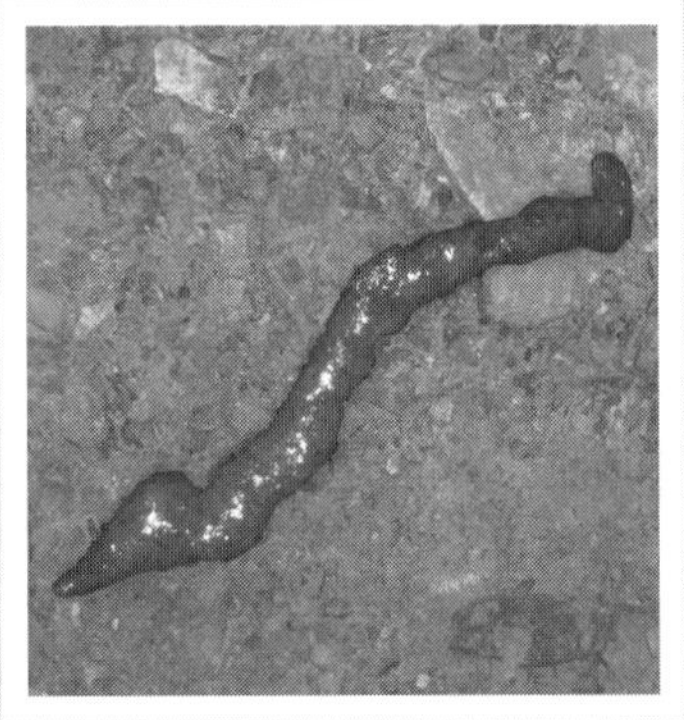

水分を多く含む下痢のような糞。イチジクの一種の果実を食べたようだ。種の判別は難しいので、種子を育てて成長してから同定する。

パームシベットの糞

生々しいパームシベットの糞。食べた果実はほとんど消化されずに排出される。何を食べたか見て分かる場合もあれば、ほとんど原形を留めておらず同定不可能な場合もある。

が属するヒト上科の霊長類は、小腸の面積が他の腸管よりも広い[8]。一方、シベットを含む食肉目は一般的に肉食に適応しているので、他の分類群と比べると共通して、体サイズに対して消化管が短い[9]。肉の消化は比較的単純なので長い消化管は必要ないし、肉を長時間腸内にとどめることによる腐敗を防ぐためだ[10]。植物食のパンダも、体に対する腸の長さはけっして長くない。ご多分に洩れずシベットの小腸はもちろん、消化管全体が単純で短い[11][12][13]。こうした特徴をもつシベットの小腸は、単位体積あたりの表面積の割合も小さく、容易に分解でき吸収できるもの以外は排泄してしまう。シベットの糞を見ると、水分が多く含まれており、食物とくに果実がほとんど消化されずに、種子や果実の種によっては果皮や果肉がそのまま排泄されている。じっくり消化したくてもかなわず、シベットは毎日下痢を繰り返しているのだ。

果実食に向いていない?!

ここまでで、シベットの形態は果実食に向いていないことがわかった。追い打ちをかけるように、腸内発酵の面でも不利である。一般に、哺乳類はセルロースなどの食物繊維を自らの消化酵素で分解できない。しかし、霊長類やオオコウモリなどの果実食性哺乳類のなかには腸内に特別な細菌叢をもち、腸内細菌が食物繊維を発酵させて作り出した代謝産物を利用することで、食物繊維からエネルギーを獲得する種もいる[14][15]。しかし、シベットは食物繊維を含む多糖類の発酵ができないのだ。そもそも発酵の主要な場所である盲腸が退化または消失しており、腸内細菌叢も他の霊長類と比較しても非常に単純なのだ。[11][12][15]また、他の食肉目と比較してさえ、炭水化物の消化率は非常に低い。[16]踏んだり蹴ったりのシベットだが、グルコースやフルクトースなどの水溶性の単糖類は、浸透圧に従って小腸の上皮細胞から直接体内に取り込まれる。[17]つまり、消化管が短く単純な構造でも単糖類は吸収できる。ようやく二つ目の疑問に答えることができる。シベットが果実選択に時間をかけるのは、シベットでも容易に消化・吸収ができる、水溶性の単糖類などの炭水化物が多く含まれる果実を探しているからだ。

このイチジクと、後日定点観察をしたナガバハンテンスイ（*Ficus annulata*）の木で、パームシベットとミスジパームシベット両種で、イチジクを丸ごと口に含んで咀嚼した後、搾りかすを吐き出す採食方法を観察した。これは、消化しにくい繊維質を吐き出し、水分と水溶性の糖類だけを取り込んでいたのだ。果実や果汁を主食とするコウモリの、フルーツバットの仲間も同様の食べ方をする。フルーツバットは消化効率以外にも体を軽くするために繊維質を吐き出すので、この行動は納得できる。ただし、シベットたちの繊維質の吐き捨ては結実初期のみで観察でき、結実後期になると私が確認したすべての場合で果実ごと飲み込んでいた。果汁を摂取していたら尿意が近くなるらしく、三〇分おき、ときには五分もたたないうちに、結実木からおしっこの雨が降ってきた。ときどき果実の断片や種子を含むこともあった。その場合は尿ではなく糞と考えられる。糞もほぼ水分のみで、果実の断片がほぼ原形をとどめた状態で排泄されていた。私がミスジパームシベットの性別を確認しようとその個体の真下に移動したら、ミスジパームシベットの短い腸管を通過したイチ

ミスジパームシベットは口腔内での果実の処理時間がとにかく長い。ナガバハンテンスイ（*Ficus annulata*）での観察。

〈動画URL〉https://youtu.be/G7bXSmrsVGg

ミスジパームシベットのおしっこのような糞。イチジクの果肉が消化されておらず、ほぼそのまま排泄されている。

ジクの果汁（入り）シャワーを浴びたことが何度もあった。そのシャワーは、かすかに甘いにおいがして、浴びた部分を触るとべたべたして実に不快だった。このことから、ミスジパームシベットは単糖類さえもうまく消化・吸収できていないことがうかがえる。

シベットが結実木に長時間滞在するのは彼らにとって果実選択が重要だからであることはわかった。では、他の昼行性動物はなぜもっと長く結実木に滞在しないのだろうか。一本の木になる果実の数には限りがある。長く居れば居るほど、多くの果実を食べることができるから有利なはずだ。しかし、現実はそんなに甘くない。居たくても退去せざるを得なかったり、立ち去る方が生存に有利だったりするのだ。これから、シダレガジュマル（*Ficus benjamina*）というイチジクの結実木での観察を交えながら、なぜ結実木から立ち去るのかを考察する。

4 あっという間の7徹

イチジクの饗宴

怒涛の五五徹から四か月が過ぎたころ、シダレガジュマル（*Ficus benjamina*）という標識していた

まだ涼しいこの時間帯に森に入ると、午前9時までは服が乾いた状態で過ごせる。

イチジクの木が結実しはじめた。この種はスイドウボク（*Ficus fistulosa*）と違い、ひとつの木にオスとメス両方の性が存在する、雌雄同株というタイプのイチジクだった。「よし、来い。」いつまで続くかわからない徹夜の日々を迎える覚悟を決めた。午前6時から観察を開始した。

最初の訪問客はメスのオランウータンだった。スイドウボクではオランウータンが姿を見せることはなかったが、この木の結実には素早く反応した。この結実木では、オランウータンの存在がカギとなった。そのメスがむしゃむしゃ食べているとき、今度はブタオザルの群れがやってきた。しかし、彼らは八分間滞在しただけで、すぐにイチジクの木をあとにした。それから五分後、別のメスのオランウータンがやってきた。二頭のメスに互いの存在を気にかけるようすはなく、離れた枝に居座り、黙々とイチジクを採食していた。その間、テナガザルが訪れたが、三〇分程度採食した後に立ち去った。オランウータンもテナガザルも互いに干渉せず、離れた場所で採食していた。テナガザルが去ってから一時間後、今度は若いオスのオランウータンがやってきて、一本のイチジクで三頭のオランウータンが採食していた。しかも、親和的な行動や攻撃的な素振りは一切なく、ただ黙々とイチジクを貪り食っていた。そんな状態が二時間半続いたが、別のメスのオランウータンの登場によって、状況は一変した。突然オスが足早に立ち去ったのだ。その直後、別のメスがやってきた。オスはまるで、そのメスに会うのが気まずいようだった。あぁ、ドラえもんのひみつ道具のほんやくコンニャクがあれば、オスにインタビューして結実木を立ち去った理由を聞けるのに。

その日から三日間で、昼間はオランウータン、テナガザル、ブタオザル、カニクイザル、カササギサイチョウ、クロサイチョウ、オナガサイチョウの訪問を記録した。このとき私はまったく眠気を感じなかった。次から次へと果実食者が現れたので、楽しくて仕方がなかったからだ。高校生でダナンバレーを訪れたときも、同じ思いだった。三日目の夜、闇に紛れてついに奴が姿を見せた。

時刻が夜7時半に差しかかる頃だった。私は友人からの差し入れの魚の丸焼きを食べようとしていた。結実木を懐中電灯で照らすと、闇に二つの大きな目が反射した。パームシベットやミスジパームシベットよりも反射した黄色が濃く、反射自体強い。座っていたビニール袋の上に魚を置いてサーモカメラで確認すると、これらのシベットよりもはるかに大きかった。正体はビントロングだったのだ（口絵5ページ「ビントロングの目の反射」参照）。しかも、大きいのと中くらいのと小さいのと、トトロ三匹（国民的アニメ「となりのトトロ」の主要キャラクターで、森に住む哺乳類に見えるふわふわしたお化け。大きなトトロは全長約二メートル、中くらいのものは約一メートル、小さなものは約五〇センチメートルと考えられる）のようだった。中くらいのビントロングは私の存在を気にしたのか、三〇分ほどで結実木を去った。しかし、大きいビントロングは、懐中電灯の光を気にすることなくイチジクを貪っていた。小さいビントロングはいつの間にか見えなくなっていた。大きいビントロングが結実木に来てから四〇分後、来た方向はわからなかったが、ミスジパームシベットが樹冠に現れた。それも、三頭同時にやってきた。このときも、先客のビントロングはミスジパームシベットに接近せず、一定の距離を保って採食を続けていた。ミスジパームシベット三頭も、同じ枝で別個体が採食しても威嚇することは一切なかった。夜11時を過ぎて大きいビントロングが結実木を去った後もミスジパームシベットたちはこの木で採食を続けた。けっきょくミスジパームシベットは約三時間この木で採食を続けた。すべての個体が結実木を去った頃には、足元で牡丹餅ならぬ魚の丸焼きを手に入れたアリたちが晩餐会を開いていた。このイチジクは、昼間だけでなく夜間もにぎやかだった。

観察六日目になると、果実はほとんど残っていなかった。前日の、早朝5時から夕方5時まで続いたオランウータンたちの最大五頭同時食いがかなり効いたようだ。ついに昼間に訪問する動物はいなくなった。しかし、夜間には相変わらずミスジパームシベット三頭が訪れた。そしてこの夜、この木では初となるパームシベットの訪問を確認したのを最後に、次の日からこのイチジクで採食する動物はいなくなった。このイチジクでは、シベット三種（パームシベット、ミスジパームシベット、ビントロング）、霊長類四種（オランウータン、テナガザル、カニクイザル、ブタオザル）、サイチョウ類四種（キタカササギサイチョウ（以下カササギサイチョウ）、オナガサイチョウ、クロサイチョウ、サイチョウ）と、じつに多くの動物の採食を記録した。観察のしやすさを優先して（私が小型鳥類に興味がないことも大きな理由の一つである）、私は体重二キログラム以上の動物に限定して記録したが、それ以下の小型動物を含めると、五〇種はいたのではないだろうか。オランウータンにいたっては、同時に採食したのは五頭、合計で九頭がこの木を訪れた。

今回の連続徹夜は一週間で済んだ、と気が緩んだのか、この後また高熱を出して寝込んだ。高熱で苦しんでいた間、「元気があればなんでもできる！」（アントニオ猪木）というかつて本屋で見た言葉が頭の中をしつこく駆け巡っていた。そのせいで、私はまた元気になれるのだろうか、また走れるのだろうか、と不安に思った。五五日でも一週間でも、徹夜は体に良くない。睡眠は必ず毎日取らねば元気にならない。

夜に長居するシベット

このイチジクでは、種間・種内ともに強制的に結実木から他個体を追い払う個体はいなかった。おそらくこのイチジクが大量に結実したからで、もう少し樹冠のサイズが小さいイチジク個体や少量しか結実しなかった場合に観察していたら状況は変わっていたかもしれない。しかし、直接的な競

図6　結実イチジクで採食した動物の体サイズ

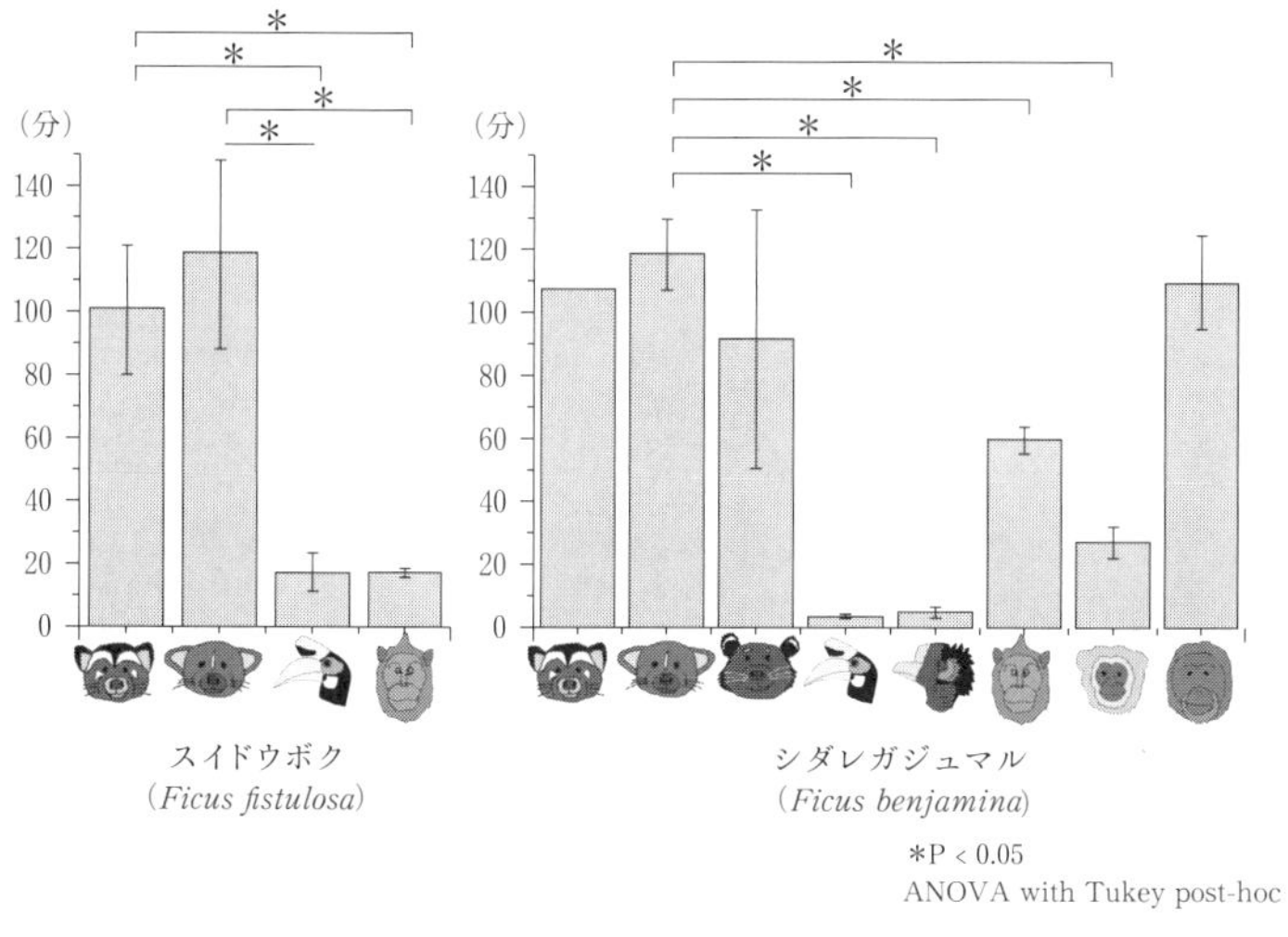

図7　結実イチジクで採食した動物の平均滞在時間

合はなかったものの、訪問した動物種の結実木での滞在時間と体サイズの関係を見ると、お互い干渉していないように見えた動物たちは、実は見えない火花を散らしていたことが歴然となった。

まず昼行性動物だけで見ると、結実木にもっとも長時間居座ったのはオランウータンで、記録は平均一時間五〇分、最長九時間だった。続いてカニクイザル、テナガザル、オナガサイチョウ、サイチョウ、カササギサイチョウ、クロサイチョウだった。この並びは、体サイズときれいに相関する。つまり、体が大きいものほど長く滞在したのだ（図6・7）。この傾向は、アフリカの熱帯雨林でも報告されている[18]。体の大きさと胃袋の容量は比例するだろうから、胃袋を満たすのに要する時間は体サイズに比例すると仮定できる。したがって、体サイズが大きいほど満腹になるまで時間がかかるので、長く滞在して採食すると考えられる。でも、満腹になった小さな動物は空腹になるまで結実木に留まることもできる。もちろん捕食リスクや採食バランスなどの問題があるが、採食場所を立ち去る必要があるわけではない。今回観察した霊長類、サイチョウ類ともに、近縁種同士が同じ木で採食するのを何度か観察した。しかし、すべての場合で、同じ木でも離れた枝で採食していた。枝を変えて採食することも何度もあったが、とくに霊長類では異種同士が接近することはけっしてなかった。サイチョウ類は、大きな種が結実木に到来したとき、威嚇は見られなかったが、近くの枝で採食していた小さな種が立ち去ることが頻繁にあった。E・シュップという種子散布界の権威は、動物が結実木を去るおもな理由として、結実木からの強制的な追放、捕食者対策、消化器官内で食物を混合させる採食戦略などを挙げている[19]。他にもさまざまな外的・内的要因が関わり合って動物は意思決定するのだろう。少なくとも強制的ではなく、態度には示さないがそこはかとない威圧感を出して、動物たちは他個体を採食場所から退去させたり、させられたりすることがあるようだ。

他の要因として、移動コストが考えられる。一般に、動物の単位体重あたりの消費エネルギー量は体重が増すと相対的に減少する。つまり、小型動物は少量ずつだが食物を頻繁に採食する必要があり、その総量を体重比にすると大食らいになる。大型動物は採食頻度を低くできるし、体重比にすると小食になるが、多く食べなければならないし動くときは多くのエネルギーがいる。話をダナンバレーのイチジクの木に戻すと、体が大きいオランウータンは結実木を次々に移動するにはエネルギーコストが高いから、できるだけ一箇所で多く食べるのがよい。一方で、体が比較的小さいテナガザルは移動に必要なエネルギーコストが低いので、採食競合相手の存在を気にしながら同じ結実木に留まって食べ続けるよりも、より効率よく採食できる木を求めて次々と採食場所を変えた可能性がある。

カササギサイチョウの退去

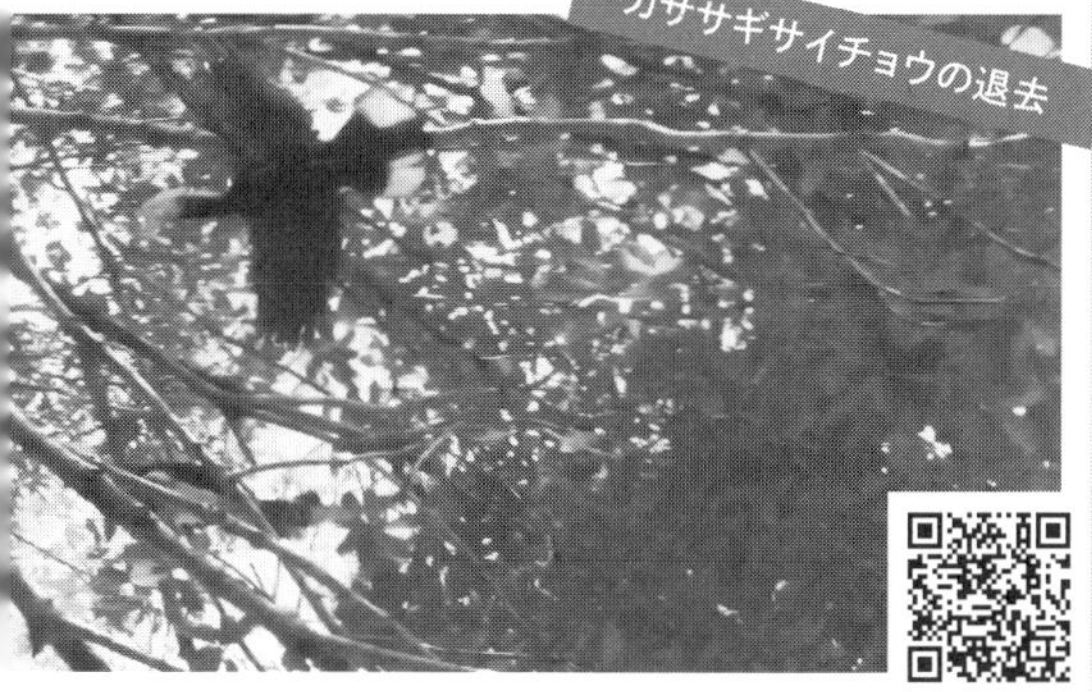

奥にいたオナガサイチョウが接近したので、手前にいたカササギサイチョウが飛び去った（00:12頃）。

〈動画URL〉https://youtu.be/ndREInF6H6s

では、夜行性動物の場合はどうだろうか。昼夜間の観察をあわせて結実木での滞在時間を見てみると、シベット類はオランウータンの次に長く滞在し、その差はほとんどなかった（図7）。オランウータンの体重はメス四〇キロ、オス九〇キロである。[20] 一方、シベット類で最大のビントロングは六～一〇キロ（捕獲個体の平均：メス六キロ、オスデータなし）、パームシベットはメス一・九キロ、オス二・三キロで、ミスジパームシベットはメスデータなし、オス二・三キロだ。[21][22] シベット類が、体サイズが一〇倍以上も大きいオランウータンと同じくらい長時間結実木に滞在できる（する）のは、なぜだろうか。その答えの一つは、シベットは少数派の果実食者だからだ。果実食の動物は世界中にたくさんいるが、そのほとんどが昼行性である。夜行性の果実食者の代表例が、フルーツバットと、シベットを含む一部の食肉目である。現存する哺乳類の約二五パーセントの種は翼手（コウモリ）目に属するが、翼手目約一〇〇〇種のうち果実（果汁）を主食とするのはその二五パーセントの約二〇〇種だ。東南アジアの夜行性果実食者の中では、シベット類が最大の体サイズの持ち主なのだ。昼行性動物と同じように、大きいものは長く結実木に滞在できるようだ。しかし、ビントロングとパームシベットやミスジパームシベットの間にも体サイズの大きな差があるので、シベットと一括りにするわけにはいかない。今回の観察からはわからなかったが、やはりビントロングは、他のシベットと比較すると同じ結実木に長時間滞在する。長いときには時間単位ではなく、同じ結実木で寝泊まりと採食を繰り返す日単位で。これには他種との相互作用よりも、ビントロングの採食生態が深く関わっているようだ（詳細は4章第6節「ここまでわかったビントロングの生態」で説明する）。

ジャコウネコ科は食肉目の中でも起源が古く、約三五〇〇万年前にパームシベット亜科はアジアに出現したと考えられている。[23] 大型果実食鳥類の代表のサイチョウ類の起源も古く、四八〇〇万年前までにはアジアの大空を羽ばたいていた。[24] 霊長類では、カニクイザルやブタオザルが属するマカク属は数百万年前、類人猿は七〇〇～一三〇〇万年前と、アジアにやってきたのは比較的遅かったようだ。[25] 果実食に向いていないシベットは、多くの鳥類や霊長類のように昼行性果実食者になる道を歩んでいたらきっとすぐに滅んだだろう。果実一個を選ぶのに時間がかかり、うまく食べられないうえにほとんど消化もできない。不器用でも一生懸命に果実を食べて命を繋いでいるのだ。そんなシベットの姿を見たら、そっとエールを送ってあげてほしい。

5 不器用なシベットのびっくり技

肥えろ

ここまでで、シベットがいかに果実食に向いていないかを説明したが、じつは彼らにも悪条件に立ち向かうための武器がある。それが、世界人口の約三〇パーセントにとっての大敵、脂肪だ。果実に多く含まれるフルクトースを過剰摂取すると、中性脂肪が生成されやすくなり、肥満につながる[26]ことは、健康に対する意識が高い方なら一度は耳にしたことがあると思う。また、基礎代謝が低いと、単位時間あたりの消費エネルギー量が少ないので太りやすいこともよく知られている。つまり、フルクトースを過剰に摂取し、基礎代謝が低い動物は脂肪が蓄積しやすく、太りやすいのだ。日々ダイエットに励んでいる方はこうした言葉に敏感に反応してしまうだろうが、食糧事情が厳しい環境に生息する野生動物にとって、脂肪はいざというときのためのエネルギー貯蔵庫だ。果実が少ない環境で果実を主食とし、その主食をうまく消化できないシベットにとっては、いかに消費エネルギーを抑えるかは死活問題なのだ。

消費エネルギーを抑えるのにもっとも手っ取り早い方法は、基礎代謝を下げることである。基礎代謝とは、空腹時に安静な状態で測定する、生存に必要最低限のエネルギーだ。研究例が少ないシベットなので、基礎代謝なんてわかっていないだろうな、と思いながら論文を検索していたら、なんと、いたのである、シベットの基礎代謝を測定した人が。一九八〇年代から九〇年代にかけて動物の基礎代謝に関する研究が流行したようで、シベットのような認知度が低い動物もそのときに研究されたのだ。しかも、その論文の著者B・K・マクナブさんは、パームシベット、ミスジパームシベット、ビントロングの基礎代謝を測定していた。このときほど先行研究のありがたみと大切さを感じたことはない。また、古いものでは一九世紀後半など、私が生まれるずっと前に書かれた論文を一秒もかからず見つけて読むことができる優れた検索機能にも感謝しなければならない。ありがとう、Google先生。数十年後に、私が書いた論文を見つけて、こんな無茶をした日本人がいたのか、と参考にしてくれる人がいると、睡眠不足も、つる植物との格闘や虫刺されも、流した血や涙も、ボルネオに捧げた青春も、けっして無駄ではなかったと胸を張って言えるのだろう。

B・K・マクナブさんの実験で、パームシベット、ミスジパームシベット、ビントロングのすべてが、哺乳類の標準よりも基礎代謝が低いことがわかった。[27] とくにビントロングは、当時基礎代謝のデータがあった六三九種の哺乳類の中で、単位体重あたりの基礎代謝が著しく低い。[28] さらに、周囲の温度を下げると自身の体温も下げる、変温動物でもあったのだ。つまりビントロングは、動かないときは無駄なエネルギー消費を極限まで抑え、冬眠に近い状態になる。分厚い毛皮で覆われているのに体温がコロコロ変わることにはB・K・マクナブさんもびっくりだったようだ。ボルネオジャングル体験スクールに参加中、オランウータンの長い毛の役割を河合雅雄名誉館長に質問した際、「あれは蓑毛といって、蓑と同じく防雨のため」と教わった。ビントロングを含め、熱帯雨林に生息している動物が分厚い毛皮を纏っている場合は、断熱よりも雨に濡れるのを防ぐ機能を果たしているのかもしれない。近年は動物愛護の観点から、熱帯に生息する動物を氷点下一〇度に設定した部屋に入れるなど、動物にストレスを与える代謝測定のような実験をすることは難しいので、この研究のデータが更新されることはほぼないだろう。ビントロングは、哺乳類のなかで体重に対する基礎代謝がもっとも低いチャンピオンなのだ。言い換えると、エネルギーを過剰摂取した場合、哺乳類の中でもっとも太りやすいのだ。しかし、私はこれまで、太った野生のビントロングを見たこ

丸々と太ったメスのパームシベット。典型的なツチノコパームシベット。ポンちゃんと名付けてテレメトリーによる追跡をおこなったが、肥えしろがあると判断して緩めに首輪を装着したので、すぐに首輪が外れて追跡できなくなった。

とがない。飼育環境下ではしばしば太った個体を見ることがあるので、やはり森で生きるビントロングの食糧事情は厳しいのだろう。ビントロングは多糖類の腸内発酵をほとんどしない、とする論文には、とくに尾のつけ根に脂肪を蓄積する、と書かれている。[29] 尻尾のつけ根が膨らんだビントロングを想像すると、くすっと笑ってしまう。

ビントロングと対照的に、パームシベットに関しては丸々とした野生個体に頻繁に遭遇する。私はこのようなメタボパームシベットを「ツチノコ」と呼んでいる。パームシベットは尾のつけ根だけではなく胴体に脂肪が蓄積するようで、太った個体が歩いていると、もともと短い四肢がさらに短く見えるのでとてもかわいい。この感覚はサバ州の人も同じらしく、太ったツチノコパームシベットを見ると、普段格好つけている森の男でも思わず「かわいいっ」とつぶやいている。タビンのアブラヤシ農園やタビンとダナンバレーの宿舎近くでツチノコパームシベットをよく目撃したので、直接的・間接的に人間を介して得た食物を過剰に摂取した個体に限られるのだろう。

このように、シベットは果実食に対する形態面での不利を、基礎代謝を抑えるという生理面で補填して、皮下脂肪を蓄えることができるのだ。シベットが結実木の中で単糖類が多く含まれている果実を時間をかけて選んでいたのも、合点がいく。不器用なシベットでも、びっくり技でがんばって肥えようとしているのだ。

採食果実の特徴

結実木内での果実選択の理由はわかったが、シベットが食べる採食果実の種に特徴はあるのだろうか。果実と一口に言っても、植物学上では多肉果、乾果、さらに多肉果のなかでも核果や液果、乾果では堅果、豆果、痩果などさまざまな種類に分類される。また、果実が子房に由来するかどうかで、真果と偽果（偽の果実）に分けられる。まず、これまで野外で記録した植物種名の一覧表を作成した。すると、ある特徴が見えた。シベットの採食果実は多肉果とイチジクに極端に偏っているのだ。シベットがおもに食べる多肉果は、水分が多くて柔らかいのが特徴だ。イチジクの果実は子房由来ではなく、花托が肥大したものなので偽果に分類される。実は、リンゴやイチゴも花托が肥大した偽果だ。イチジクも種によるが、熟すと柔らかく、水分が多くなる。柔らかくみずみずしい果実以外では、ビントロングがマテバシイ属のどんぐりを食べることを確認した。しかし、観察例が少ないので、硬くて水分がほとんど含まれない果実を利用する頻度は低いと考えられる。

多肉果やイチジクは水分を多く含むので、消化しやすい。我々ヒトは、どんぐりなどの硬い果実を調理しておいしく食べることができるが、ヒト以外の動物にはそれができない。マカク属や類人猿などの霊長類はそうした硬い果実も食べるが、それは彼らが長時間かけて消化しにくい食物を消化・吸収できるからだ。しかし、不器用なシベットは一意専心、これしかないと、果実のタイプでも選り好みをする戦略をとって、少しでも多くエネルギーを得ようとしているのだ。

パンダに負けるな

ここまでの話で、シベットだって果実を食べるためにさまざまな工夫をしていることがわかった。しかし、まだ本質的な疑問が残されている。なぜ、肉食に適した形態をしているのに肉食ではなく果実食なのか、である。シベットと同じ食肉目に属するパンダも、竹という植物性食物に二次的に適応している。主食の竹を掴みやすくする手の構造やセルロースを分解する腸内細菌叢、硬い竹を噛み砕くための強い咬合力を持つ。[30][31][32] パンダは二〇〇〇万年前に近縁種から分岐し、[33] 七〇〇万年前から竹食を取り入れ、二〇〇万年前までには完全に草食になった。[34] 当時のパンダが生息していた環境を知る必要があるが、おそらく竹食に対する厳しい淘汰圧がかかったのだろう。竹食への適応は、七〇〇～二〇〇〇万年前という短い期間で成し遂げたと考えられる。その結果手に入れた独特の見た目や仕草の愛らしさから、パンダは世界的な人気者となった。一方でシベットは知名度が低く、動物園などで飼育されていてもその前で黄色い声を上げる人を私は見たことがない。三五五〇万年前には出現したのに大して果実食に適応していないシベットは、このまま日の光を浴びず、果実の消化もうまくできず、パンダに負け続けていてよいのか。なぜ、果実食をやめないのだ。この問いに対する答えは、Google先生に聞いても、シベットに直接聞いたり、過去に行ったり、ドラえもんのどんなひみつ道具を使っても出すのは難しいだろう。

そもそも、完全な肉食の食肉目は少なく、食物の一部として果実を利用する食肉目は多い。熟した果実は柔らかいので、噛み潰すのに特別な歯の構造はいらないし、食肉目の単純なつくりの消化管でも比較的容易に消化できるからだろう。このことから、この問いに対する私の仮説は、ライバルが多すぎたから仕方なく果実食になった、である。アジア熱帯は、他の熱帯（新熱帯、アフリカ熱帯）と比較すると同所的に生息する食肉目の種数が圧倒的に多い[35]。肉食に適したライバルが多いので、競合を避けるもっとも簡単な方法は、肉（たんぱく質）とは別の食物を利用することだ。シベットもそうやって、徐々に果実食に切り替えたのかもしれない。臼歯が比較的広い、代謝が低い点など部分的には適応しているので、果実食をやめたくてもやめられない。中途半端な動物のシベットが脚光を浴びる日が来ることを願うことしか、私にはできない。

6 シベットの個体間関係

パームシベットの個体間関係

さて、ここまででシベットは夜に果実を採食することで昼行性の動物との直接的な採食競合を避けていることがわかった。では、夜にほかのシベットに出くわしたときどうするのだろうか。シベットは基本的に単独性と説明したが、繁殖期と育児期には繁殖相手や親、子など、必然的に他個体と関わる必要がある。ここでは、繁殖行動が確認された場合と親子と考えられる場合を除く。後に詳しく説明するナガバハンテンスイ（*Ficus annulata*）の結実木ではミスジパームシベットが三頭同時に現れた。ただ、ミスジパームシベットは常に複数個体一緒に行動しているわけではなく、観察例のうち七〇パーセント以上は単独だった。血縁関係を調べる必要があるが、他個体への寛容性は、種によって異なる可能性がある。

ここからしばらく、シベットの詳細な観察をご紹介するが、その前にシベットの個体識別について少し解説しておく。シベットを捕獲した際、目の大きさや角度、距離、顔面の面積、鼻の大きさや色などが個体によって異なることに気がついた。しかし、捕獲していない場合、樹上にいる個体を懐中電灯の光だけを頼りに地面から観察するので、そうした顔に関する特徴はまず見えない。ではどうやってシベットを個体識別したらよいのだろうか。最初に、体の大きさを見る。次は雌雄の確認だ。シベットが動く瞬間にオスの生殖器の有無を確認する。だが、体の大きさや性別だけでは個体識別はできないので、次がもっとも重要なポイントだ。各個体の体を凝視する。体は顔よりも見える面積が大きく、遠くからでも特徴を見つけやすい。とくに、傷やはげ、脂肪のつき具合、体の模様や色の濃さ、歩き方、などの特徴が見つけやすい。こうした細かい特徴を見ていたことが、シベットの個体間関係を考える上で役立った。ではまずパームシベットの個体間関係についての考察を、結実木での観察例を挙げてお話しする。

タビンにいた頃、先述のエビメセンドック（*Endospermum diadenum*）という種の結実木で私はシベットを待ち伏せていた。張り込みから二時間が経過した19時55分、オスのパームシベット（オス1）が姿を現した。それから約一五分後、メスのパームシベットが結実木にやってきた。先着のオスはメスに対して威嚇や攻撃はせず、二頭は少なくとも五メートルの距離を保って同じ結実木で採食した。約一時間後にメスが木を降りた。それからさらに一時間一五分後、今度は、少し体が小さい別のオスのパームシベット（オス2）がやってきた。このときもオス1は威嚇などの敵対行動はまったくしなかった。しかし、一〇分後に事態は急変した。あとからやってきたオス2が大慌てで木を降りたのだ。それから九分間、ネコの盛りのようなうなり声が聞こえ続けた（110ページ動画「うなり声」2〜10秒頃、35〜55秒頃）。ちなみに、このうなり声は二個体以上のシベットを同じ結実木で確認したときにはじめて聞こえたので、観察者である私に対して発声したものではないと考えられる。この

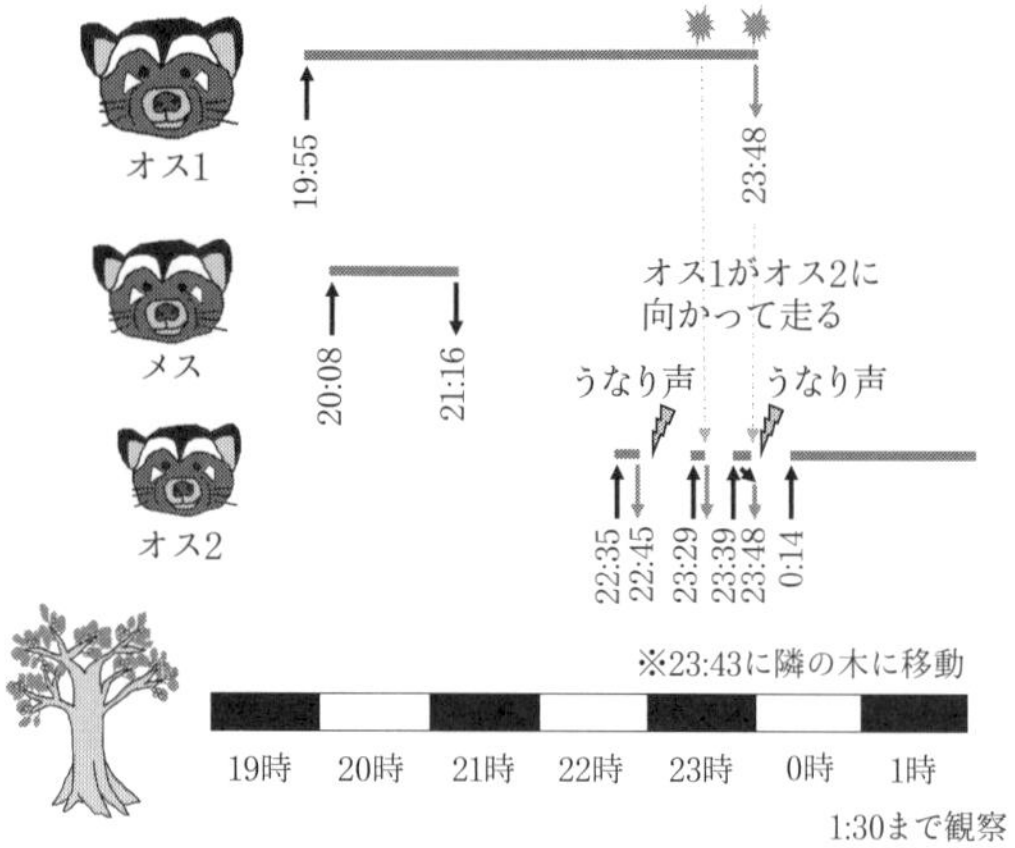

図8動画

うなり声

図8　エビメセンドック(*Endospermum diadenum*)で3頭のパームシベットが採食したときの行動

矢印は採食木への出入を表す。灰色の矢印は走って出て行ったことを表す。

〈図8動画URL〉https://youtu.be/ZfH_mjYz3g4
〈うなり声URL〉https://youtu.be/lvVXBYG2PWY

間もオス1は採食を続けており、はっきりと姿を確認できたので、少なくとも彼の声ではなかった。オス2が木を降りてから約四五分後、再びオス2が木に登ってきた。すると、すぐさまオス1はオス2に向かって走っていった。そしてオス2はすぐに木を降りた。その一〇分後、オス2が再び木に登って、採食を始めた。一触即発かと思いきや、オス1はオス2の近くにきたものの、追い払うようすはなかった。それから三分後、オス2はまた結実木を離れ、結実木と枝で接続していた隣の木に移動した。それから五分後、突如オス1がオス2に向かって走っていき、二頭とも隣の木に移動した。この直後にまたうなり声が聞こえた。この日、オス1は結実木に戻ってこなかったが、約三〇分後にオス2がこの木に戻った。そしてその後少なくとも一時間一五分以上にわたって採食を続けた。

この観察で示唆されることが二点ある。共食に対する寛容度が性によって異なる可能性があることと、共食を容認した場合でも、何らかの基準を満たした場合に採食場所から追放する可能性があることである。この観察の場合、一点目については、オスはメスに甘く、同性に厳しいとわかった。ただ、メスは先着のオスと少なくとも五メートルの距離を保って採食していたので、もっと接近していたらどうなったかはわからない。二点目について考察すると、オス1はオス2を何度か結実木から追放しようと試みたので、つねに共食を容認するわけではないようだ。オス2が二回目に結実木にやってきたとき、オス1は明らかに攻撃的な行動を見せた。オス2が懲りずに三回目に結実木にやってきたとき、今度はオス1は、オス2に対して何もしなかった。これはオスがこの日最初に結実木にやってきたときの状態と同じだ。その三分後、なぜかオス2は自ら結実木を離れた。その五分後、オス2は結実木にいなかったにもかかわらず、結実木で採食していたオス1は、隣の木にいたオス2に対して攻撃的な行動を見せた。オス2のどの行動がオス1を激昂させたのか、はっきりしない。怒られても懲りないオス2の精神力もすごいが、同じ木で四時間近く採食し続けたオス1の食欲も大したものだ。少し離れた場所にエビメセンドックの別の結実木があったのにその木に移動しなかったということは、それほどこの木の果実はおいしかったのだろうか。それにしては、メスは一時間強であっさりと結実木を立ち去った。メスが自主的に去ったのか、この木でもっと果実を食べたかったがオス1に追放されたのかはわからないが、もしかすると、オス1から我々ヒトには感じることのできない「出ていけ」光線が発せられていたのかもしれない。オス2はその光線を無視したから、怒られたのだろうか。パームシベットの社会の解明にはまだまだ時間がかかりそうだ。

次はパームシベットのメス同士の場合を見てみよう。五五徹をしたスイドウボク（*Ficus fistulosa*）の木での出来事だ。20時30分、私はつき合ってくれた友人三人と一緒に、一頭のミスジパームシベットを観察していた。すると、この個体が突然木から去った。同時に、メスのパームシベット（メス1）がやってきた。それから三〇分後、別のメスのパームシベット（メス2）がやってきた。メス2はメス1よりも体が小さかった。彼女らが二メートル以内に接近するまでの約二〇分間、二頭にとくに変わったようすは見られなかった。接近すると、先着のメス1が走って結実木を去り、隣接している木に移動した。メス2は驚くようすもなく、その後四〇分間その木で採食を続けた。メス2が去ってもメス1はすぐに結実木に戻らず、約四〇分間隣の木に居続けた。結実木に戻ってから約二〇分後、突然メス1はその木を走り去った。この観察から五日後、今度は同じ木で同じ個体が共食していた。二頭は別の枝で採食していたが、二頭の距離が一メートル以内に接近したとき、どちらも慌てて木を立ち去った。その次の日二頭は再び同じ木で共食していた。しかし、彼女らが鉢合わせると今度はメス2が木から走り去った。一〇分もしないうちにメス2は結実木に戻ってきた。その後また共食を続けた。この観察例から、まずオスとは対照的に、メスは後から来た個体を追い払うことはしない可能性が示唆された。また、近距離に接近した場合に両方またはどちらかが退去し、結実木を去るのに先着か後続か、また体サイズは関係しないようだ。

たった二例の観察だがこれらに共通して言えることは、パームシベットが結実木を訪れた際は単独であったことと、攻撃的な行動をしても追いかけたりうなり声をあげたりするだけで、直接危害は加えなかったことだ。だからこそ、エビメセンドックでの観察例のオス2は、オス1から露骨に威嚇されたのに、何度も同じ結実木に戻ってこられたのかもしれない。メス同士は、先ほどのオス同士と比べると穏やかで、優劣関係も不明瞭だ。エビメセンドックでの観察では、メスはオスと一定の距離を保ち続けた。メスにとっては、他個体との距離が重要なのかもしれない。これはオスに関してはまだわからない。オス1がオス2に対して威嚇した後に二頭が接近したにもかかわらず、少なくとも三分間はどちらも採食を続けたからだ。一方、メスが他個体との距離を保つのであれば、スイドウボクで何度も近距離に接近することはなかったはずだ。食べるのに夢中でその掟のことをうっかり忘れていた、ということはありうる。これも、加害行為がないからこそ可能なのかもしれない。いずれにせよ、観察例が少ないので推測の域を出ない。

タビンでほぼ毎夜歩き回り、またダナンバレーではイチジクの結実木で長期間にわたって定点観察を続けたにもかかわらず、パームシベットの個体間関係が観察できたのはこの二例だけだ。したがってパームシベットは、繁殖期以外は単独性が強い傾向にあると言える。そうだとすると、不思議に思うことがある。オスもメスも、他個体が結実木に到来した段階で威嚇するなど、何か反応してもよいはずだ。しかし、それがまったく見られなかった。そもそも先着個体が後続個体の到来に気づいていないのか、気づいている場合はどこまで接近したら我慢できなくなるのか、謎は深まるばかりだ。

ミスジパームシベットの個体間関係

では、パームシベットと体サイズがほぼ同じミスジパームシベットはどうだろうか。夜に樹上にいるミスジパームシベットを見ても、パームシベットと見分けがつかないことがある。しかし、枝のあいだを跳んで移動したり、複数頭で一緒に行動したりするのは、ほぼ間違いなくミスジパームシベットだ。ほかのシベットはネコのように頭部の高い位置に耳があるが、この種はより低く、目に近い場所についている。また、威嚇や警告が必要ではないと思える状況でも、成熟個体が「キュトキュー」と高い声で鳴くことがある。これらのことから、この種は音声を使って他個体とコミュニケーションを図っているのかもしれない。ただ、他個体の反応を見ていないので、現時点では断定できない。この節では、個体間関係に焦点を当てて考察する。

第1節「原点の森、ダナンバレーへ」で、ムラサキソクケイ（*Ficus binnendijkii*）というイチジクの樹上に罠をかけた話をしたが、同じ木で四頭のミスジパームシベットの共食を観察した。深夜0時の暗闇の中、樹高四〇メートルのこの木に懐中電灯の光を照らしても種と個体数を確認するのがやっとで、性別までは確認できなかった。少なくともこの四頭がいる間は、他個体はうなり声などの音を発することはなかった。

同様に、別のイチジク（ナガバハンテンスイ）の木で定点観察をしていたところ、昼間の15時42分に一頭のミスジパームシベットがこの木を訪れた。太陽の下でミスジパームシベットの体色を確認したのはこれがはじめてだった。パームシベットは麦みそに似た薄茶色だが、ミスジパームシベットはロシアンブルーに似た濃い目の灰色をしていた。背中には名前の通り三本の黒い線がカツオのように入っていた。パームシベットより体色はきれいに思ったが、やはりパンダには敵わない。

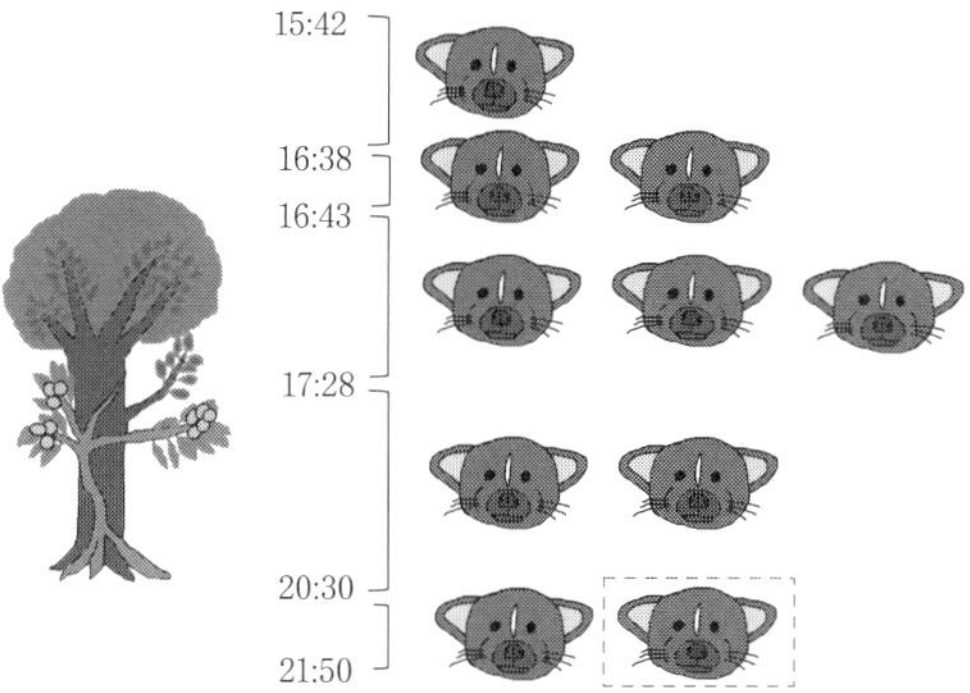

20:30から21:50の間に1頭去ったが、正確な時刻は不明。

図9　ナガバハンテンスイ（*Ficus annulata*）で同時間に採食したミスジパームシベットの頭数

先述したが、この木では果汁を搾り取り、繊維質は捨てる食べ方をしていた（91ページ動画「搾りかすを吐き出すミスジパームシベット」）。この個体を観察して約一時間経った16時38分に、別のミスジパームシベットがやってきた。その五分後、また別の個体がやってきた。三頭のミスジパームシベットが同じ木で採食していた。体サイズからすべて成熟個体と判断でき、少なくとも一頭はオスだった。ミスジパームシベットはパームシベットよりも俊敏に動き回るので特徴を見つけるのが難しく、個体識別はできなかった。三頭が二メートル以内に接近しても、パームシベットのような敵対行動は一切見られなかった。17時28分に三頭のうち一頭が結実木を去った。もう一頭がいつ結実木を離れたのか確認できなかったが、20時30分までは結実木にいた。21時50分に最後の一頭が結実木を去った（図9）。断片的な観察も含むが、これらの観察から、ミスジパームシベットは同種他個体の共食に寛容であることがわかる。ナガバハンテンスイの観察では、観察した三頭が別々の時間に結実木に到来し、別々の時間に結実木を去った。つまり、群れで行動しているわけではないようだ。すべての個体の性別はわからなかったが、少なくとも二頭は同性だ。パームシベットはオス間では敵対行動が見られたので、ミスジパームシベットとは対照的だ。

パームシベットとミスジパームシベットの同種他個体の共食に対する寛容さの違いはなぜ生まれるのだろうか。要因の一つに、利用食物幅の広さがあるかもしれない。両種はともに果実食者だが、それ以外にも花や動物性たんぱく質も摂取している。しかし、樹皮を口で剥がして髄を噛み、そこに含まれる樹液だけを搾り取る行動は、これまで私が観察した中ではミスジパームシベットでしか見られていない。一方、アカアマウドノキ（*Leea aculeata*）やノボタン属（*Melastoma*）などパイオニア植物の中でも幹が成長途中で細く柔らかく、樹高が低い個体になっている果実を利用するのは、パームシベットのみである。これまでの私の観察にもとづくと、パームシベットは利用できるのならば果実は何でも利用する戦略で、ミスジパームシベットは果実以外でも消化吸収ができるなら何でも利用する戦略、という印象を持っている。ミスジパームシベットは幅広い食物を利用するので種内競合も緩和され、同種他個体の共食に寛容になるのかもしれない。

シベットの異種間関係

ミスジパームシベットは他の種に対しても寛容なのだろうか。これに対しては、スイドウボクでの観察をもとに考察する。小さな果実は実っていたが、果実の重量が結実期の二五パーセントに満たない未熟の時期の観察例だ。私はまだ連続徹夜はせずに、果実が熟するのを待っていたが、この間も訪問する動物を確認するために、頻繁にこの木を訪れていた。21時50分に確認したところ、パームシベットとミスジパームシベットが結実木にいた。彼らがいつ結実木に来たのかはわからないが、観察を開始してから一〇分後にパームシベットが突然結実木から走り去り、うなり声をあげた。それから五日後、20時30分に同じミスジパームシベットがこの木を訪れた。約三〇分後、この個体は突然木から去ってうなり声をあげた。その七分後の21時6分に五日前と同じパームシベットがこの木を訪れ、23時55分まで約三時間採食を続けた。このパームシベットが結実木を去ってから三時間後の午前3時、また同じミスジパームシベットがやってきた。そして午前5時35分まで約二時間半にわたって採食を続けた。この日から二週間後、同じ木で今度はパームシベットの別個体が20時20分に結実木にやってきた。それから一時間二〇分後の21時40分に、同じミスジパームシベットがこの木を訪問した。この時、パームシベットとミスジパームシベットの間に敵対行動は見られなかった。しかし、午後22時22分に事態は急変した。パームシベットとミスジパームシベットが二メートル以内に接近したのだ。すると、パームシベットが結実木から走り去り、うなり声をあげた。ミスジパームシベットも結実木の上部に走ってパームシベットから離れたが、そのまま採食を続けた。この観察から、ミスジパームシベットも他個体に直接危害を加えるのではなくうなり声をあげることと、少なくとも他種（パームシベット）との間では共食が不可能な場合があることが示唆される。

パームシベットと共通して言えることは、同じ結実木内で敵対行動が見られなかった場合も、近距離まで接近するとどちらかまたは両個体が結実木を離れることだ。また、ミスジパームシベットが結実木を去った日と、パームシベットが結実木を去った日があることから、結実木ですでに遭遇した経験がある個体間でも、優劣関係は固定されていないことが示唆される。この結実木以外の場所で直前にすでに遭遇して優劣関係が決まっている可能性もあるが、その場合は優劣関係が長期間継続しないと考えられる。単に、自分と似ているようで似ていないやつに出くわして驚いただけかもしれない。パームシベットとミスジパームシベットの異種間関係の解明には、まだまだ徹夜が足りないようだ。

大中小ビントロングとの再会

私は焦っていた。ダナンバレーで調査を開始してから一年が過ぎようとしていた。パームシベットの捕獲は容易なのでテレメトリー発信機を装着して順調に追跡できていたが、その他の種は、ミスジパームシベットが一個体のみだった。これではタビンと状況がほとんど変わっていない。ダナンバレーでは樹高が高い場所に罠を設置できたことで、パームシベット以外の種を捕獲できる確率は高くなった。しかし、捕獲に成功しなければデータはない。ましてや、ボルネオ島で同所的に生息している最大のシベット、ビントロングの捕獲など到底できる気がしなかった。

ある日、宿舎周辺を散歩していると、ナガバハンテンスイ（*Ficus annulata*）というイチジクが結実しているのに気がついた。せっかくなので、しばらくその木で観察をすることにした。午後4時過ぎだった。その木に、ビントロング三頭が来たのだ。一番大きい個体の体サイズ、脂肪のつき具合と腹部の妙な膨らみから判断すると、定点観察で見たのと同じ、大中小トトロだ。あのときは暗闇で三頭の姿ははっきり見えなかったが、今回ははっきりと見ることができた。

大はおそらく小の母親で、中は未成熟個体で大よりも一回り以上体が小さかったので、小の父親ではなさそうだった。小の兄弟かもしれない。小は、体サイズから推測するとおそらく生後一～二か月程度で、動き回るのが楽しくて仕方ないようだった。大と中ビントロングは、私の姿を見てすぐに逃げるように結実木を立ち去ったが、小ビントロングは自ら私に近づいてきた。手の甲に口を当てて、チュウチュウと音を出すと、今度は私の頭上まで降りてきた。私が手を伸ばしていたら、きっと手を伝って私に乗ってきただろう。「うぅ。かわいい。さわりたい」という衝動に駆られたが、ぐっと堪えた。私は、この小さな黒いモフモフとこんなにも近距離で時間を共有できるのは今しかないと思い、時間の許す限りずっと見ていたかった。しかし、モフモフはまだ一人で生きていくには小さすぎるので、あまりにも長時間母親と離れると危険だった。断腸の思いで私はモフモフに別れを告げ、その木から離れた。そして、モフモフが大ビントロングの後を追って茂みの奥に消えたのを確認してから、私は走った。ビントロングが来たなら、ミスジパームシベットも来るはずだ。一刻も早くこの木に罠を設置しなければ。

私は大ビントロングや中ビントロングを捕まえる気は一切なかった。捕獲したら麻酔をかけなければならず、その間モフモフが独りになる可能性があるからだ。そこで、ビントロングが入るにはは小さいサイズの罠を取ってきた。ロープを使って登ると時間がかかるので、手足を使って登れるもっとも高い場所に罠を設置した。その日の夜8時、仕掛けた罠を確認しに行くと、罠の中で黒い物体がうごめいていた。パームシベットやミスジパームシベットにしては、大きい。もう少し近寄って罠を確認すると、全身から血の気が引くのを感じた。ビントロングが、小さい罠にぴったりと収まっていたのだ。しかも、私がもっとも捕まえたくなかった、大ビントロングが。私は一瞬、迷った。大ビントロングが捕まって、中ビントロングやモフモフがきっと困っている。すぐにでも解き放つべきか。しかし、タビン時代を含めて三年間このときを待っていた。この機会を逃すと、二度とビントロングを捕獲できないかもしれない――。けっきょく、中小トトロには悪いが大トトロに発信機を装着させてもらうことにした。この決断を下すまでに三秒もかからなかった。迷いはしたものの、やはり私はビントロングを捕獲できてうれしかったのだ。私の頭の中では一〇匹くらいのビントロングたちが輪になり小躍りしていた。

暗闇の中で足場が悪い木に登って麻酔注射をするのは危険だったので、翌朝登ることにした。夜明けとともに木に登り、発信機を装着する準備を整えた。ビントロングに注射針を刺したとき、事件が起こった。針が九〇度に折れ曲がったのだ。パームシベットやミスジパームシベットは問題なく注射できたので、単純にビントロングの皮膚が厚く硬いのだ。ビントロングの皮の厚さや頑丈さに関しては、このようなエピソードがある。現地の方によると、鉄砲でビントロングを撃っても、一発や二発当たったくらいではピンピンしているそうだ（二〇二〇年現在、サバ州ではサバ州野生生物局が発行した正式な許可証があれば狩猟可能とされている）。また、ある研究者が、樹高六〇メートルほどある木に登るためにロープを掛けたところ、樹冠部からビントロングが降ってきたという話もある。大きな衝撃音とともに地面に落ちたが、何事もなかったかのようにそのまま走り去ったという。これほど屈強なビントロングにとって、小さな注射針で刺されることは、人間がつまようじでつつかれているようなものだろう。捕獲した動物に何度も注射して苦痛を与えることはできない。だが、麻酔なしでビントロングに発信機を装着すると噛まれる危険性が高い。麻酔ができないのならば、動物に与えるストレスを軽減させるために逃がさなければならない。しかしこの次にビントロングを捕

麻酔をかけ、発信機をつけた後のメスのビントロング。

獲できる保証はない。私は樹上で一人悶えていた。そのとき、ふと小学一年生のときの国語の教科書にあった、メスのライオンが口に子ライオンをくわえて運んでいる挿絵を思い出した。ビントロングもライオンと同じ食肉目だから、首の皮は柔らかいはずだ。もう失敗は許されない。この一刺しにすべてをかけて注射針をビントロングの首の後ろに突き立てた。刺さった。そして眠り始めたビントロングに発信機を装着した。

こうして私は、ボルネオ島でビントロングのテレメトリー調査をおこなった最初の人物になった。私の前にタイでビントロングのテレメトリー調査をおこなった研究が二例ある[36][37]ので、世界初にはなれなかった。しかしタイでの研究は、熱帯雨林と草原が入り混じった環境でおこなわれており、ビントロングがどちらの環境も利用していることを確認したものだ。私の調査地は先行研究とはまったく環境が異なり、ほぼ一〇〇パーセント密林なので、新しい発見があるかもしれない。また、二例の先行研究は、ビントロングの活動時間帯や行動圏の大きさ、寝場所の微環境を記録していたが、活動しているビントロングを実際に追いかけてはおらず、採食物や移動経路などの情報はなかった。タイの熱帯雨林にはトラが生息しているから、夜間森に入って調査をおこなうには危険すぎたのだろう。ボルネオ島にはゾウや毒ヘビ、ハチ、アリなど危険な生物は生息しているが、トラはいない。これまで夜間にテレメトリー調査もしてきた。私は、夜のボルネオ島の熱帯雨林を動き回ることに関しては、誰にも負けない自信があった。ダナンバレーで研究を始めた当初、私はビントロングを雲の上の手が届かない存在と思っていた。まさかそのビントロングに発信機を装着して自分が研究できる日が来るなんて。

直接追跡するのが難しい動物の研究にテレメトリーは非常に役立つ。しかし、発信機を装着した個体の姿を見ることは滅多になかった。来る日も来る日も森に入っては受信機から出る音を聞いて、強く聞こえる方角を記録するだけの作業は、正直退屈だ。しかし私は、ビントロングを世界一しつこく追い回した人物として名を残すことを目指すことにした。世界初になれないのなら、世界一を目指そう。テレメトリーは好きな調査法ではなかったが、気合を入れなおして取り掛かった。

大ビントロングの追跡

大ビントロングをパスイ（Pasui ドゥスン語でビントロングの意味）と名づけ、発信機を装着したその日から追跡を始めた。これまで結実木での観察を手伝ってくれたり、テレメトリー調査に同行してくれた調査助手や友人たちへの感謝の意を込めて、「今宵は祭りじゃー」とやりたかったが、休むことはできない。捕獲した日の動きはビントロングの今後の動きを予測する上で重要だからだ。何よりも、モフモフの安否を憂慮していた。

パスイは捕獲した木の近辺にいたが、モフモフはおろかパスイの姿さえも確認することはできなかった。一〇日後、パスイはようやくその木から移動した。熱帯雨林の密な樹冠を懐中電灯で照らしても、パスイの姿は見えなかった。しかし、移動する音は聞こえるので確実にパスイは動いている。受信機から出る単調な音よりも、パスイの移動時に葉や枝が擦れて出る音を追跡する方が格段に楽しかった。パスイの後を追ってしばらくすると、オチョボコマバヅル（*Ficus trichocarpa*）というつる性のイチジクで動きが止まった。このイチジクは樹高四〇メートルのフタバガキをよじ登っていたので、他の植物の枝や樹冠が邪魔して樹上三〇メートル以上はまったく見えなかった。突然、「キューキュー」という甲高い鳴き声が聞こえた。声の主を探すこと約五分、懐中電灯の光が姿を捉えた。小さくて黒いモフモフした生き物だった。モフモフは生きていたのだ。「よかった、無事だった。お母さんに首輪をつけて、怖い思いさせてごめんね」と私は呟いた。すると、モフモフが眉間にしわを寄せたように見えた。やはり怒っていたのだろうか。モフモフは相変わらず警戒心が薄く、ピーピーと鳴き続けてウンピョウなどの天敵に自分の居場所を教えていた。そんなモフモフを心配したのか、木の上から中ビントロングが降りてきた。そして、モフモフの顔に自らの顔を近づけた。するとと不思議なことに、うるさく鳴いていたモフモフはぴたりと鳴き止んだ。不協和音の原因が取り除かれ、夜行性昆虫やカエルたちのオーケストラが熱帯雨林の灰色の闇に響き渡った。そして、モフモフは中ビントロングの後にぴったりついてつるをするすると登り、再び樹上の世界に広がる闇に溶け込んでいった。「静かにしないとあの二本足の生き物に捕まってしまうよ。ついておいで。」そんな二匹の会話が聞こえるようだった。この後、一年三か月にわたってしつこくパスイを追いかけたが、中小ビントロングが一緒にいる姿を目視できたのは、これが最後だった。

約二週間の一時帰国を終え、パスイの追跡を再開しようと森に入ったときの出来事をお話しする。発信機のシグナルを受信することはできるが、昼も夜も三日間まったく同じ場所から聞こえた。受信機の音を頼りに、パスイがいると思われる場所に行ったが、結実している木もパスイの姿も見えない。パスイの首から発信機が外れてしまったとしか思えなかった。意気消沈する私を見てダナンバレーで働いているドゥスン人の友人たちが、「また一緒に捕まえよう。今夜は豚肉を食べよう」と慰めてくれた。彼らの多くはキリスト教を信仰しているが、豚肉を食べることを禁忌とするイスラム教徒もいる。キリスト教徒の友人が鍋で炒めるジェスチャーをした日は、今夜は彼らの家で豚肉を料理するという合図だった。それは彼らが月末に町に繰り出し、持ち帰ったお土産の豚肉を皆で平らげる、という私とキリスト教徒の友人たちの月明け後の一番の楽しみだった。その夜私は、煮込み時間が足りない硬い豚肉を頬張りながら、明日からまたがんばろうと気持ちを切り替えた。

次の日、私と調査助手は驚いた。パスイが昨日までとは別の場所に移動していたからだ。「まだ発信機はパスイの首についている！」私たちは小躍りした。シグナルが聞こえたのは、私が前日特定したビントロングの居場所から二〇メートルほど離れた、コフデガキモドキ（*Ficus stupenda*）というイチジクの結実木からだった。パスイは三日以上まったく動かず、このイチジクが熟した頃によう

パスイの好物のイチジクのひとつ、コフデガキモドキ（*Ficus stupenda*）。形も色も大きさも、筆柿という細長い品種の柿に似ている。

やく動いたのだ。おそらく樹洞の中や樹高の高い木の枝で休んでいたのだろう。私たちは三日間二時間おきにパスイの位置を確認したので、もしかしたら二時間の間に動いて何かを食べていたのかもしれないが、そうだとしてもまったく同じ位置に戻ってきてぴたりと動かなくなるのも不思議だ。手近にいた昆虫等を食べて空腹を凌いでいたのかもしれない。先述のとおり、ビントロングは他の食肉目やシベットと比較しても基礎代謝が際立って低い[27][28]。文献で読んだ知識としてはあったが、これほどまったく動かなくなりエネルギー消耗を抑えるのか、と感心した。まさに、百聞は一見に如かずだ。

　パスイの追跡によって、私はあることに気がついた。イチジクの結実木以外の場所でパスイが長時間留まって採食したことがなかったのだ。もちろん暗闇の中を追いかけているので私が見逃している可能性はあるが、少なくとも結実木に関しては、イチジク以外の植物の採食を確認することはなかった。あるイチジクの木から別のイチジクの木に移動する途中に、イチジク以外の結実木があっても、パスイはその結実木で採食することなく、通過した。この理由について以下の三つの可能性が考えられる。一つ目は、パスイはイチジクしか食べない。二つ目は、パスイはイチジク以外も食べるが、その結実木に実っている果実は採食しなかった。三つ目は、結実木に実っている果実に気がつかなかった、である。パスイは、果実が実っていても未熟であれば食べずに通り過ぎたし、細い枝に実っていたイチジクも食べずに通過した。つまり、イチジクであれば何でも食べるというわけではなく、選択をしていたことが示唆される。しかしパスイ一個体のみの追跡を続ける限り、答えを一般化できない。結論から言うと、私がダナンバレーに滞在した間、ビントロングはこの一頭しか捕獲できなかった。たった一頭にもとづくデータだが、世界一しつこくビントロングを追いかけたので、パスイの食物選択をなんとか論文としてまとめることができた[38]。しかし、ビントロングはイチジクをとくに好んで食べるのか、疑問は残ったままだ。

ダナンバレーでの調査を終えて一年経った頃、私は首輪型発信機が外れたパスイと、パスイよりひと回り小さいビントロングを見た。おそらく、大きくなったモフモフだろう。中ビントロングは独り立ちしたと考えられる。立派に育ったもんだ、思わず笑みが浮かんだ。

⑧ ダナンバレーとの別れ

懐中電灯なしで周囲が見えるまで太陽が昇ったころ、霧が辺り一面を包んでいた。今日はスコールが降らず日中は暑くなるだろう。いつもと変わらない朝だった。二〇一四年五月二日、私は荷物をまとめ終わって、これまでお世話になった友人やスタッフに挨拶に行った。二年間過ごしたダナンバレーを去り、帰国する日だった。はじめてボルネオ島を訪れてから一〇年もの年月が過ぎた。そして、サバ州の熱帯雨林でシベットの研究を始めてから四年が経っていた。シベットのことを知るために熱帯雨林に分け入り、それ以上のことを学んだ。調査地を出て街に向かう車の助手席で、通り過ぎてゆく木々を眺めながら私は深々と頭を下げた。今日を迎えるまで、いろんな人のお世話になった。しかし、私が誰よりも恩義を感じたのは、他でもないこのダナンバレーの地だったからだ。精神的に苦しいときは、いつも森に入った。そこにはいつも、生まれてから命尽きるまでこの森で朝晩を迎える動植物がいた。人間は、落ち込んでいる人を見たら言葉を発したり自らの態度を変えたりすることによって、その人の状態を変えようとする。ダナンバレーの森に生きる動植物は、いくら落ち込んでいるヒトがいてもそのヒトを慰めることはけっしてない。彼らはただ、自分や自分の子の命を繋ぐためにエネルギー収支をプラスにしようと努めている。意気阻喪したときはこうした多種多様な動植物を見て、心から感動した高校二年生のときの初心を思い出し、自らを奮励した。

ダナンバレーを出発してから約三〇分後、小雨がぱらついた。そしてゾウの群れが現れた。ダナンバレーを出発したのは午前10時過ぎだったので、ふだんゾウが出てくる時間帯よりもかなり早かった。「そうか、私に別れを告げに来たのか」とうれしく思ったが、その後約三〇分にわたって道路上に居座り続けたので、その間私たちは立往生を余儀なくされた。ありがたいが、そろそろ通してくれないだろうか。ゾウたちが道を譲ってくれた後、私を乗せた車はダナンバレーから一番近い村、タンペナウ（Tampenau）村で止まった。ダナンバレーでの研究生活を締めくくるのに、ドゥスン人のことを紹介しないでは終われない。

話は、私が博士課程に進んではじめてダナンバレーにやってきた二〇一二年六月末に遡る。毎月末は、調査助手を含むダナンバレーのスタッフの多くが実家に帰る。私がダナンバレーに入ったのが月末の休みに入る前日だったので、週明けまで一竿風月に過ごすか、と思っていた。ところがその夜にスタッフ三人が私の家を訪ねてきて、タンペナウ村にある彼らの家に招待してくれるという。それで急遽予定を変更し、翌日私もダナンバレーを出ることにしたのである。村に着いてスタッフの家に入ったら、スタッフの母親が早口で私に話しかけてくれた。聞き取れなかったので私が困惑した表情を浮かべると、今度はゆっくりとマレー語をしゃべってくれた。そして私は気がついた。最初の早口は、マレー語ではなくドゥスン人の言語、ドゥスン語だったのだ。ドゥスン人とはサバ州の最大多数民族で、サバ州都コタキナバルの他、キナバル山周辺のラナウやクンダサン、タンブナン、コタブルッ、コタマルドゥなどに多く居住している。もちろん個人差はあるが顔や背格好、遠慮深い態度、そして農耕文化にもとづく食文化などが、我々日本人と通じるところがある。のちに聞いた話だが、家に招待してくれた友人の母親は私をはじめて見たとき、ラナウ出身のドゥスン人と思ったそうだ。タンペナウ村は一九九〇年代にできた村で、タンブナン（Tambunan）、ペナンパン（Penampang）、ラナウ（Ranau）出身の人たちが集まって作った村だから、それぞれの頭文字をとった村名にしたそうだ。住民の九〇パーセント以上がドゥスン人だった。タンペナウ村のドゥスン人のうち、ドゥスン語で会話するのはほとんどが四〇代以上の方だった。とくにラナウやクンダサン出身だと、それより若い世代でもドゥスン語を話すことができる人は一定数いるが、ほとんどの若い世代はドゥスン語を理解できるが話すことができず、ドゥスン人同士でもマレーシアの共通語であるマレー語で会話している。これはタンペナウ村に限らず、サバ州のドゥスン人の多くのコミュニティーに共通する。その大きな原因は、学校教育がマレー語で行われるので、ドゥスン語を話す世代の大人が、彼らの子供たちが学校で勉強についていけなくなるのを懸念して小さい頃からマレー語で子供と会話していたからだった。とくにマレーシアのような多民族国家では、言語は民族のアイデンティティの拠り所となる重要なツールである。

タンペナウ村民の皆さんは、突然お邪魔したにもかかわらず私を歓迎してくれた。米麹で作った酒で晩酌しながら、ドゥスン人のおじさんやおばさん、おじいさんやおばあさんは私にいろんな話をしてくれた。村のこと、出身地のこと、畑のこと、動物の話、昔の思い出や若かりし頃の恋物語など話題が尽きず、あっという間に夜更けになった。晩酌が終わって床に就いたが、私には心残りがあった。それは、私に一生懸命に話をしてくれたドゥスン人の方たちに、マレー語をしゃべらせてしまったことだ。彼らは私がいなければ、ドゥスン語で会話していたはずだ。私がドゥスン語を理解できないがために、マレー語を話してくれたのだ。きっと、お話をしてくれた方々が当時抱いた感情はマレー語の別の単語に変換されて、私には真意が伝わっていないはずだ。その日から私はドゥスン語でお年寄りと会話をすることを目標に、ドゥスン語の猛特訓を始めた。ドゥスン語はマレー語とは文法がまったく異なり、単語ももちろん異なる。ドゥスン語にはマレー語では曖昧に表現される時制があり、会話の中心が人か物かなど焦点を当てるものによって接頭辞や接尾辞を使い分ける。また、「鶏に餌をやる」や「首をきょろきょろさせる」、など日本語や英語、マレー語では文章にしなければならないことも一つの動詞で表現できるのが非常におもしろい。同じ地域でも村が違うと単語が違うことも多いので、辞書がない。私は手あたり次第に物の名前を尋ねて書き記した。村の人の会話を盗み聞きしてはメモに取り、構文を解析した。私の調査助手はラナウ出身でドゥスン語を話せたので、なるべくドゥスン語で話しかけてもらった。こうした二年間の特訓の成果が出て、ダナンバレーを去る頃までにはドゥスン語を話せるようになっていた。

二〇一四年五月、タンペナウ村に立ち寄った私を見つけた村のおばさんは、おいしい豚足煮込みと黒米麹で作ったトゥンプゥン（tumpung 濁酒）があるからと、おばさんの家に誘ってくれた。そしてその夜、タンペナウ村のドゥスン人のお年寄りは、いろんな昔話をしてくれた。ドゥスン語で話

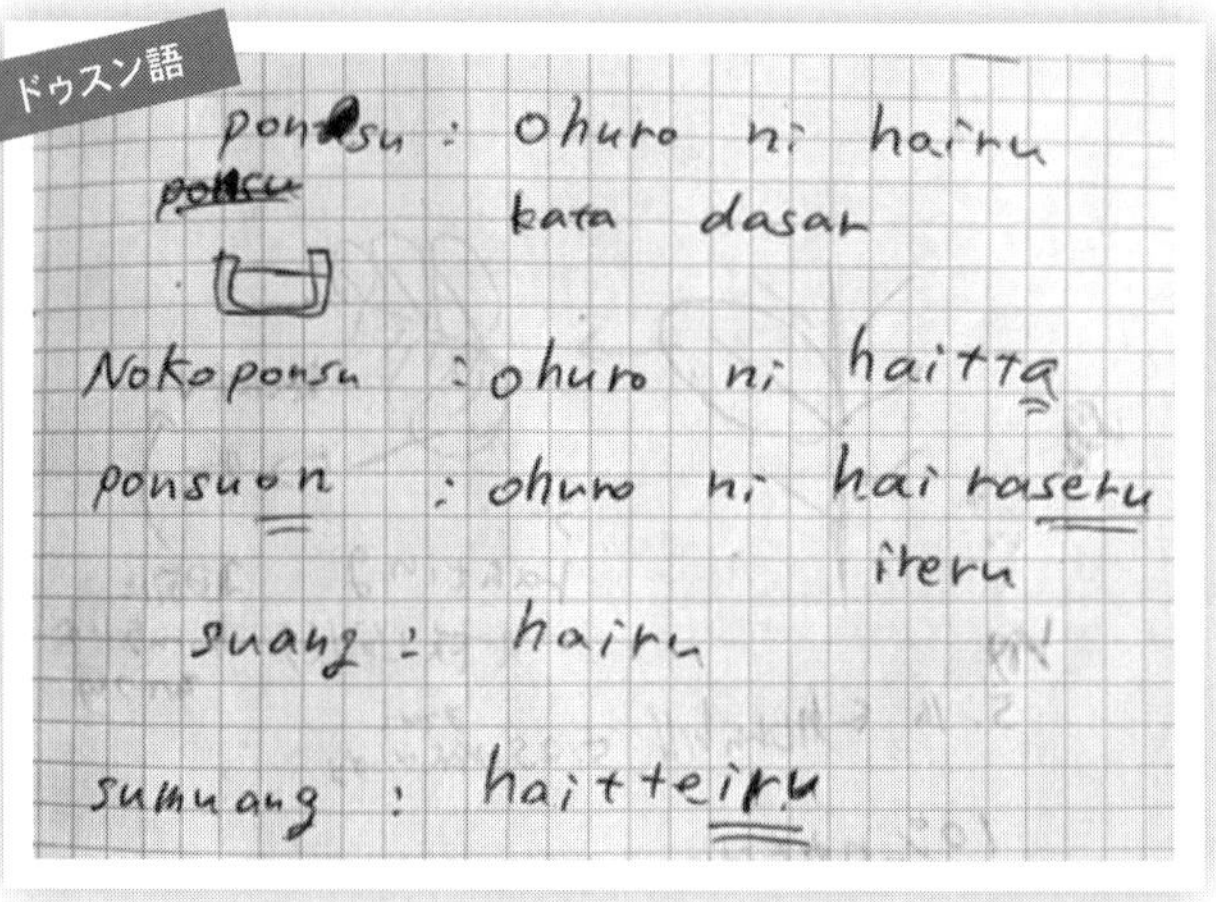

野帳に記録したドゥスン語の単語や構文。

してくれたので、マレー語に翻訳したら伝わらずに隠れてしまう言葉や感情をすべて拾うことができた。タンペナウ村のドゥスン人との出会いがあったから、私は民族や言語、文化に興味を持ち、言葉を含めた自国の文化を学ぶことの大切さと尊さを感じた。また、タンペナウ村のドゥスン人もドゥスン語の大切さに気がついてくれたようで、孫の世代にはドゥスン語で話しかける方が増えた。今までドゥスン語を話せなかった若い世代にも、私にライバル心を抱いてドゥスン語を学びだす人が出てきた。サバ州の若いドゥスン人同士がドゥスン語で会話する日が来るのはそう遠くないかもしれない。タンペナウ村に別れを告げた後、夕焼けに輝くキナバル山を見ながら、この地への再訪を誓った。

日本へ向かう飛行機の中で、祖母と距離が近くなった気がした。祖母との約束がなければ、この日を笑顔で迎えることはできなかった。あの約束が、揺らぎかけた志を真っすぐに戻して、苦しいときでも再び立ち上がらせてくれた。誰よりも、天国の祖母に深く感謝した。こうして私の二年間の博士研究の調査は幕を閉じた。帰国したその日の夜、私は高熱を出して寝込んだ。楽しかったダナンバレーの滞在も、イチジクの結実木での徹夜と同じく体力的な限界を超えていたようだ。

9 シベット3種の共存機構

利用環境と食物の差異

二〇一二年七月に調査を始めて二〇一四年五月に調査を終えるまでの間に、パームシベット三個体（オス2、メス1）、ミスジパームシベット二個体（オス2）、ビントロング一個体（メス1）に発信機を装着し追跡することができた。観察回数は各種三〇例を超えた。タビンでおこなった修士研究よりは個体数も回数も増えたが、いくら研究が難しい種でも一個体の追跡や三〇例程度の観察では、残念ながらボルネオ島のシベットの共存機構が解明されたと言うことはできない。だが、たった一例の観察でもそれは共存の動かぬ証拠であり、解明するための鍵になる。ダナンバレーで捕獲したこの三種の行動圏は、完全に重複していた（図10）。つまり、二キロメートル×二キロメートル内の狭

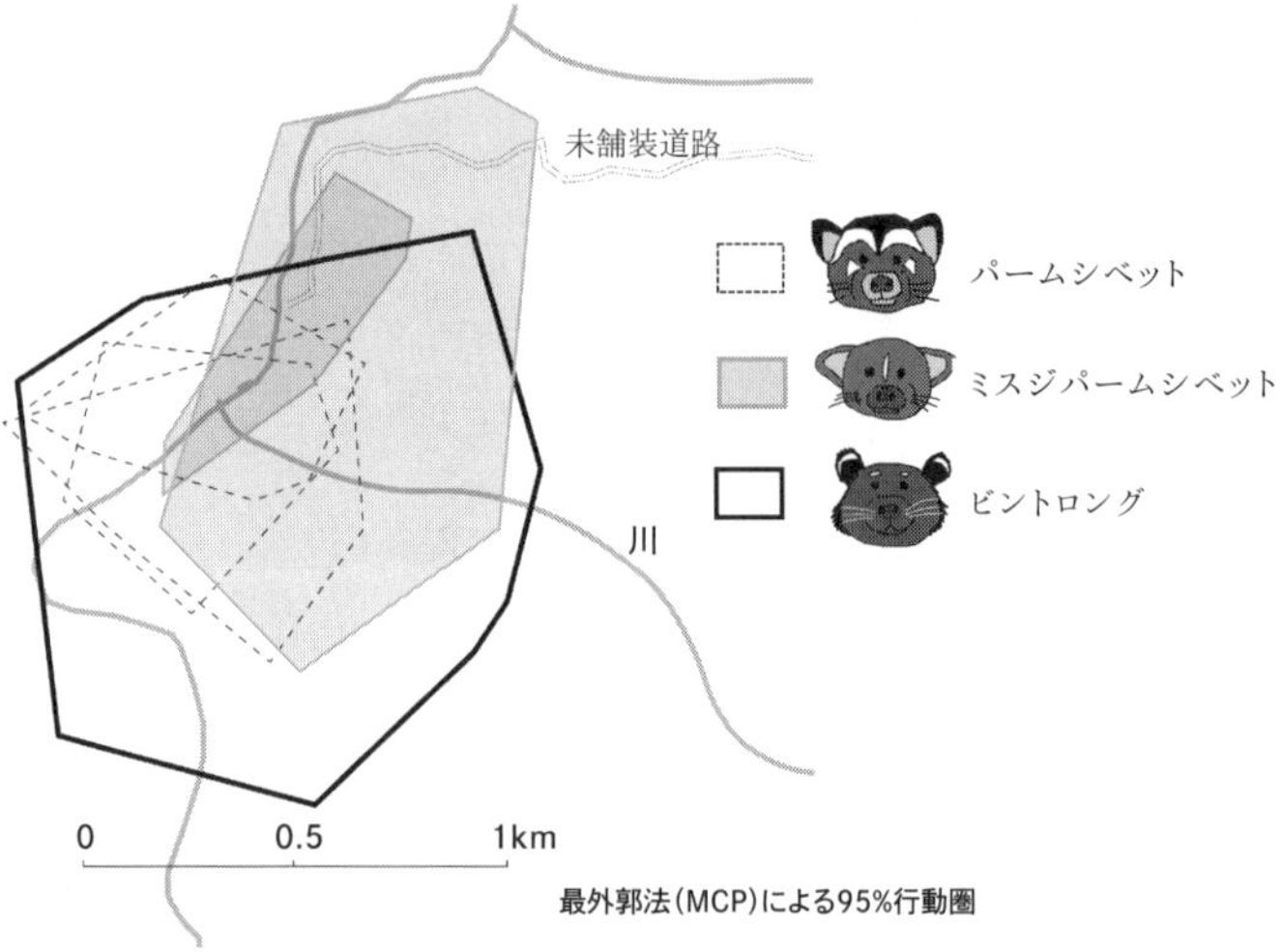

図10　シベット3種の行動圏

2012年7月〜2014年3月にダナンバレーで追跡したパームシベット、ミスジパームシベット、ビントロングの行動圏。

い範囲でも、三種は間違いなく同所的に生息していた。[21] そこで、博士研究では利用環境と食物に着目して各種で差異があるかどうかを調べることにした。

まず、垂直方向と水平方向の利用環境の種間の差異について見てみよう。修士研究を開始したころからの仮説であった利用樹高つまり垂直方向のすみ分けについて明確な差異はないが、地面の利用頻度に関しては種間の差異があるようだ。パームシベットは移動の際、もっとも頻繁に地面を利用する。また、地面でも採食する。一方、ミスジパームシベットとビントロングも移動時に地面を利用することもあるがその頻度は低く、基本的に樹上で採食をする。次に平面方向でのすみ分けについて、テレメトリー調査の結果をもとに、各種が選好する

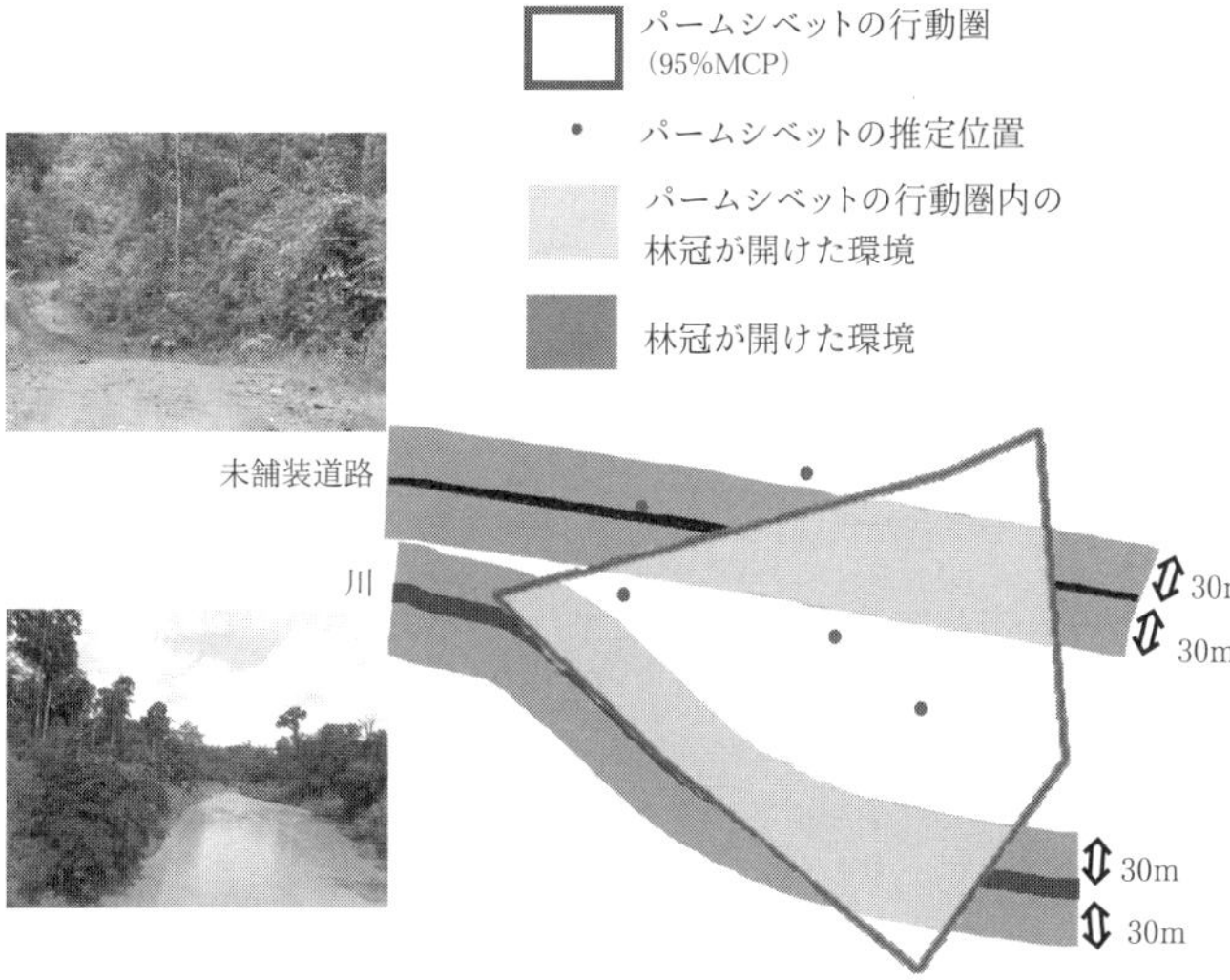

図11　パームシベットの行動圏内の林冠が開けた環境の定義

未舗装道路と川の両端から30m以内が、林冠が開けた環境。

環境に差異があるかを調べた。修士研究で、パームシベットは未舗装道路周辺を好んで利用するとわかったが、今回は林冠が開いた環境として、未舗装道路に加え、幅一〇メートル以上の川の両側にある河畔林も解析に加えた（図11）。河畔林と道路沿いの環境はよく似ており、とくにパイオニア植物の割合が高く、これらの環境に共通して生息する種が多くみられた。

　未舗装道路と河畔林の両端から三〇メートル以内を林冠が開けた環境とし、それ以外を林冠が閉じた環境とした。三種各個体の行動圏の面積に占める、林冠が開けた環境と閉じた環境の割合から期待される各個体の推定位置数と、実際の各個体の推定位置数を比較した。その結果、パームシベットとミスジパームシベットは林冠が開けた環境を好んで利用していたことがわかった。一方で、ビントロングには顕著な傾向が見られなかった。この違いはなぜ生まれたのだろうか？　三種とも共通してイチジクを採食したので、基本的に三種は同所的に生息し、食物も重複している。しかし、パームシベットとミスジパームシベットはともに林冠が開けた環境でパイオニア植物の果実を多く利用したのに対し、ビントロングは専らイチジクの果実を採食していた。ビントロングの採食を確認したイチジクには、典型的なパイオニア種もあれば、成熟した木を宿主として生育する着生種もある。つまり、林冠が開けた環境と閉じた環境のどちらにもイチジクはほぼ同等に分布している。したがって、ビントロングが林冠が開けた環境と閉じた環境をどちらも同じように利用したのは、パイオニア植物よりもイチジクの分布に影響を受けているからと考えられる。まだ三種の共存機構は明確ではないが、少なくともこうした違いがあることがわかった[21]。

修士一回生からの疑問に対する答えがようやく出つつある。共存機構を可能にする要因の多くは食物や環境利用の種間差である[39]。シベットもご多分に洩れず、体サイズや食物、環境利用に小さいが種間差がある。とくに体サイズや利用環境が似ているパームシベットとミスジパームシベットは、利用する食物の幅が異なる可能性が高い。パームシベットはおもに果実を食べていたが、ミスジパームシベットは樹皮から出る液体やアブラヤシの新芽の髄、未熟果など、パームシベットの利用が確認されなかったものを食物として利用していた。また、ビントロングはイチジク食に対するこだわりが他の二種よりも強かった。このように、こうした些細な食物の違いによってこの三種は食物をめぐる競合をうまく避けているのかもしれない。

イチジクの魅惑

これからも研究を続けて彼らの共存機構を解明したい、——と続くのが一般的な締めくくりの言葉だろう。しかし、野外調査にもとづくシベットの研究はここでいったん締めようと思う。手持ちのデータでこれらの一部が明らかになったというのも理由の一つであるが、一番の理由は、私が興味を失ったことにある。そもそも私がシベットに興味を持ったのは、変な生き物と思ったからだ。しかもその変な生き物の近縁種が四種も同所的に生息している。だからシベットの共存機構を知りたいと思った。皮肉なことに、自らの手で彼らの秘密を少しずつ明らかにするにつれ、興味が失われていくのを感じていた。不思議な存在は不思議なままでいる方が魅力的なのだろうか。しかし、そのような理由でこれまでの経験をすべて捨てるのはもったいない。5章第1節「食性を暴く」で詳細を述べるが、じつはシベットを捕獲した時、麻酔注射をして首輪型発信機を装着するだけではなく、捕獲したシベットから「ある物」を採取していた。その「ある物」は、シベットの共存機構を探る最後の砦となる代物だった。だから、この「ある物」の数が十分に集まるまで、シベットに関する研究はサブテーマとして細々と続けることにした。

熱帯雨林で研究すると、熱帯生態学のもっとも基本的かつ重要な疑問を抱くだろう。「なぜ多種の生物が共存できるのだろうか。」その背景には、もちろん熱帯雨林がある。徹夜で観察を続けてわかったのが、ボルネオ島におけるイチジクの重要性だ。イチジクと一言で簡単に言うが、日本の食卓に並ぶイチジク一種ではない。ボルネオ島だけでイチジクは一五〇種あると言われている。ダナンバレーで定点観察した四種のイチジクは、イチジクの種全体のほんの一握りだ。イチジクだって多種多様なのである。果実の直径が五ミリの種もあれば、一〇センチを超す種もある（口絵6ページ）。雌雄異株があれば雌雄同株もある。生活型にもつる、半着生、着生、高木、低木がある。果実のつき方にだって腋生や幹生がある。なんておもしろいのだろうか。たった一つの属に含まれるのに、こんなにも多様なのだ。博士論文を書き進めるうちに私は悟った。私の興味はシベットからイチジクに移ったのだと。

4章

森を育むシベット、シベットを育む森

種子散布者の正体を追う

1　スーパーヒーロー・イチジク

新たな研究テーマ

博士研究を終え、博士号を取得した後、私はまた途方に暮れていた。今後、どういう研究をしていこうか。博士論文を完成させるまでは、これまでの研究をまとめることに集中できたが、今後はさらに新しい研究をする必要があった。博士研究を進めている最中に不思議に思ったことがいくつかあったが、どれも小さなテーマだった。また、これまでの研究は、体力があったからこそできたものが多かったが、三〇代に突入する今後は、体力に頼るだけでは継続するのが難しい。大きなテーマで、歳を取ってもできる研究は何だろうか、──と悩んではいたが、実は答えは出ていた（無理せずに、という点は当てはまらなかったのだが）。私の脳裏には、ダナンバレーで目にした光景が浮かんでいた。博士研究でダナンバレーに滞在中、ロープを用いてシベットが採食した木に登ることが何度かあった。ビントロングが採食した木に登った際、ビントロングのものと思われる糞を何度か発見した。枝や木の股に塗りつけられたビントロングの糞を見て、種子散布しているのでは、と思った。ふつう、植物の種子は地面で発芽する。しかし、樹上で発芽する奇妙な植物も数多くあるのだ。その代表例が、絞め殺しイチジクだ。

「絞め殺し?!」名前を聞いて驚かれた方もいるだろう。文字通り、イチジクが他の植物を絞め殺すのだ。絞め殺しイチジクは、半着生型のイチジクの一部である。イチジク自体は世界に約七五〇種存在し、そのうち約三〇〇種が半着生型である。半着生型のイチジクは、宿主となる木の樹上で発芽する。その後、地面から水分や養分を獲得するために気根とよばれる根を地面に向かって伸ばす。気根が地面に到達すると、自身を物理的に支持するために水平方向に根を伸ばし、宿主の木に巻きつく（図12）。半着生イチジクの多くの種はこの宿主に抱き着いた状態で一生を終える、絞めイチジクだ。しかし、絞め殺しイチジクは、今までお世話になった宿主に容赦ない仕打ちをする。絞め殺しイチジクは肥大成長を続け、宿主の師部（植物が光合成によって作った養分を各部に運搬するための、いわば「血管」のような部位）を圧迫するようになり、次第に栄養が行き渡らなくなった宿主は枯死に至る。この段階までに絞め殺しイチジクは宿主の支えがなくても自立できるようになっており、中には宿主があった部分がきれいに空洞になり、根が網目状になった、まるで神戸ポートタワーの

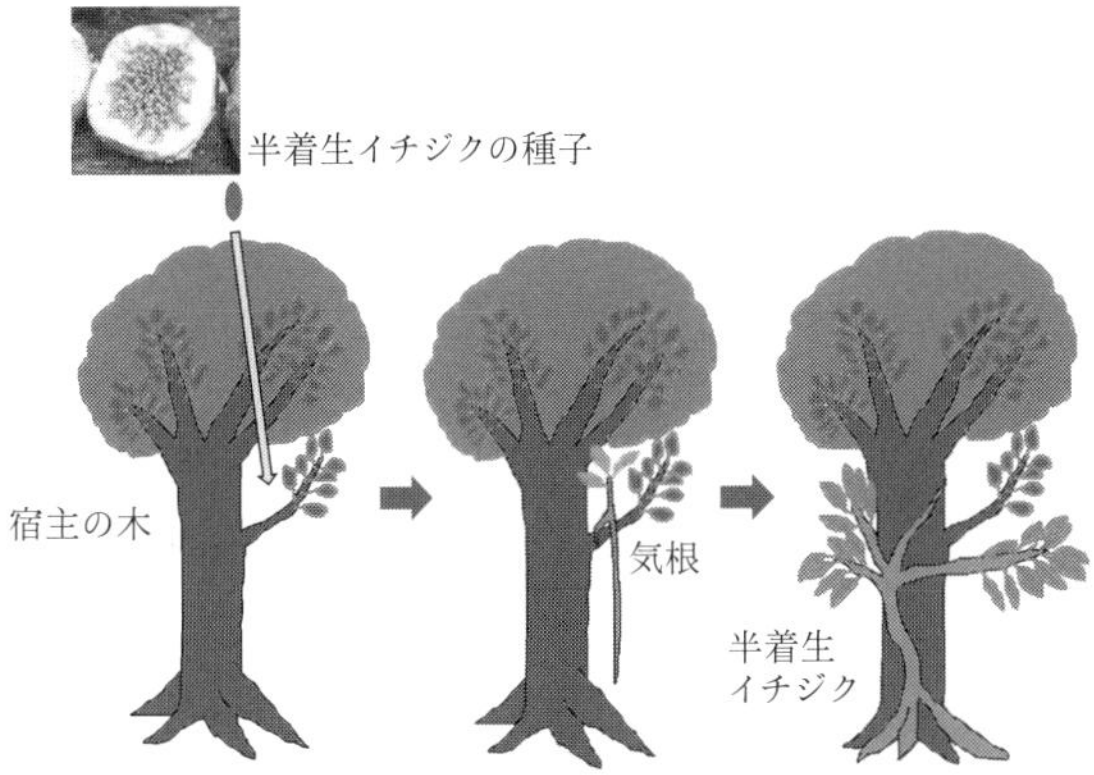

図12　半着生イチジクの種子が発芽・定着して生長するようす

絞め殺しイチジク

発芽・生長の初期の段階で世話になった宿主を絞め殺して自立した半着生イチジク、コマシロナガジクソクケイ(*Ficus virens*)。

ような外観の絞め殺しイチジクも存在する。絞め殺しイチジクの成長過程を知ると、小さい頃は宿主に頼り、大きくなると絞め殺す何とも残忍な植物だ、と思われるかもしれない。確かに、絞め殺しイチジクは宿主の木を殺してしまう。しかし、絞め殺しイチジクを含むイチジクは、実に多くの動植物の命を救っている、いわばスーパーヒーローなのだ。

イチジクとコバチの契約書

イチジクは、イチジクコバチ（以下、コバチ）というハチの仲間と絶対送粉共生の関係にある。イチジクの花粉を運ぶことができるのはコバチだけであり、コバチの卵が育つのはイチジクの果実（花嚢、果嚢）だけである。つまり、お互いが生存にとって欠かせない存在であり、どちらかが絶滅すると、もう片方も必然的に絶滅する。このような一蓮托生の関係が絶対共生である。イチジクコバチのメスは、受粉可能な状態にあるイチジクの、何重もの苞葉で包まれた小孔（小さな穴）からイチジクの果実内に侵入する。その小孔は特殊な構造をしており、コバチの頭の形が鍵で、小孔が鍵穴のように、このイチジクの種の花粉を媒介できるコバチの種だけが入れるようになっている（図13）。このようにしてイチジクの果実内に侵入したコバチのメスは、体についた花粉を受粉させると同時に、いくつかの雌花に産卵する。産卵し終えたメスは、果実の中で生涯を閉じる。産卵された雌花は虫こぶとなり、コバチの幼虫が育つゆりかごとなる。コバチのメスによって受粉した雌花は果実となり、種子を形成する。イチジクの果実は、肥大した花托の中にある。つまり、イチジクの花と本当

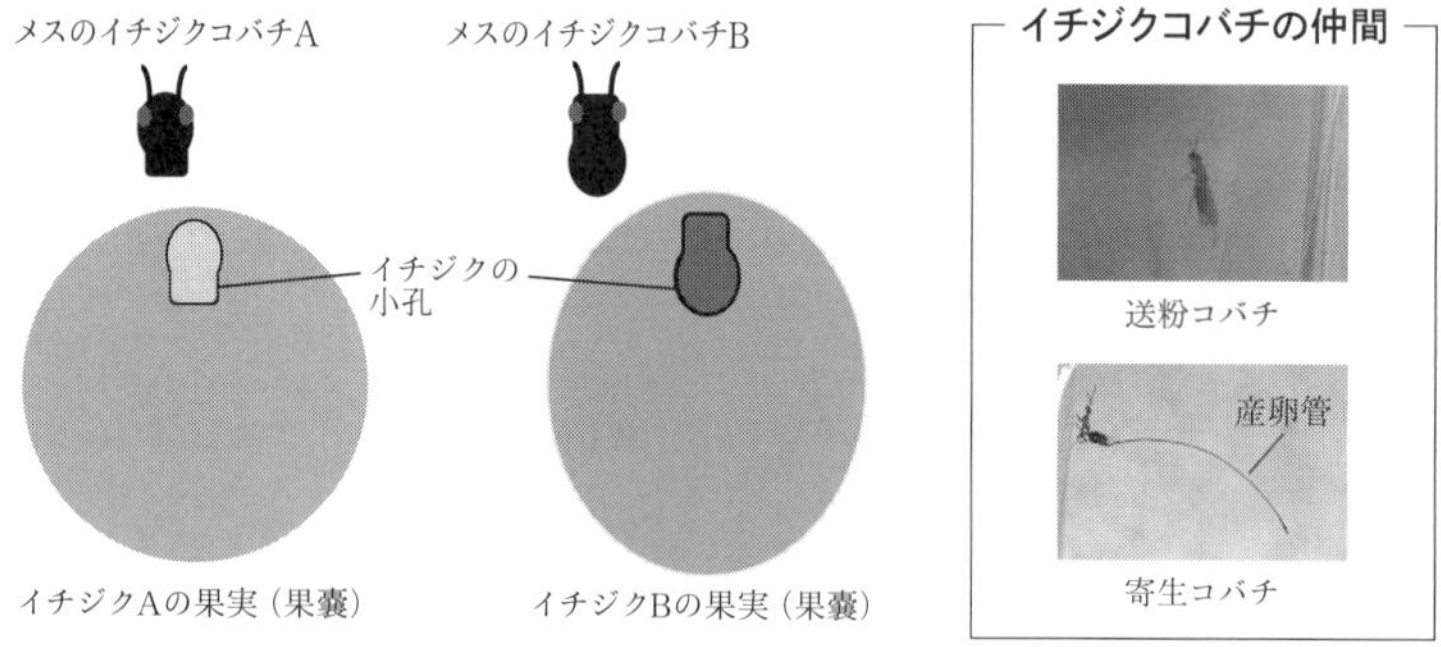

図13　イチジクとコバチの共生関係

果実の小孔の形と送粉イチジクコバチの頭の形が対のようになっており、そのイチジクの花粉を媒介できるコバチだけが中に入れるようになっている。果実の中に入らず外から産卵する寄生コバチもいる。

の果実は、果実のように見える花托を割ってはじめて見えるのだ。

四〜六週間後、まずオスのコバチが虫こぶ内で羽化する。オスのコバチは、まだ卵から完全に出きっていないメスのコバチと交尾する。メスのコバチは羽化すると、体中に花粉をつけながら、果実からの脱出を試みる。脱出にはオスの手助けが必要だ。オスは、果実に穴を開けてトンネルを作る。メスはそのトンネルを通過して、晴れてイチジクから脱出できる。オスのコバチには翅がない。必要ないからだ。メスのためにトンネルを作った後、オスのコバチは果実内で役目を終えて短い生涯を閉じる。脱出したメスのコバチは、新たな産卵場所となるイチジクの果実を探して旅をする。生まれたイチジクの花粉を運んだまま、ときには一〇キロメートル以上も移動する。[1]3章第2節「怒涛の55徹」のイチジクの結実木での観察で少し紹介したように、イチジクには雌雄同株と異株がある。この送粉システムは、雌雄同株のイチジクだ。雌

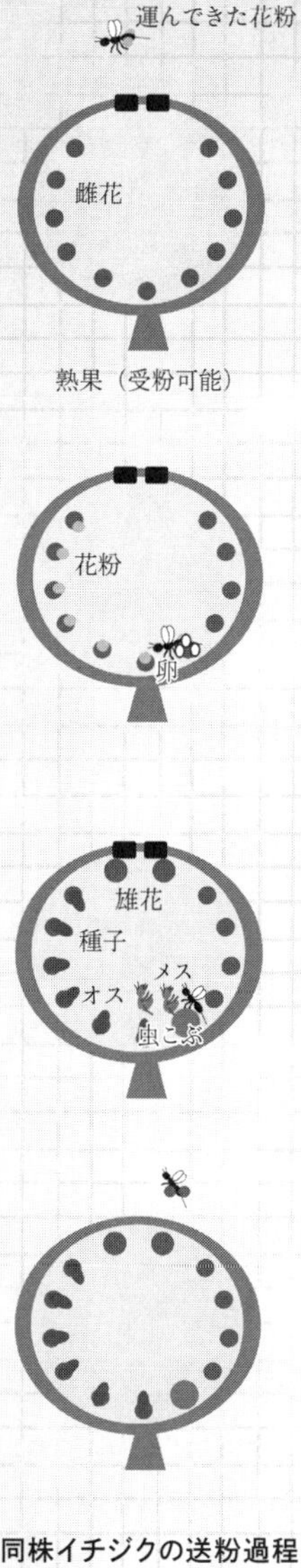

① 果実に小孔ができ受粉可能になる。花粉をつけたメスのイチジクコバチが小孔から果実内に入る。

② 花粉が付着し受粉した雌花は種子を作る。産卵された雌花は虫こぶになり、そこでコバチが育つ。産卵したメスのコバチは果実の中で死ぬ。

③ オスのコバチが先に羽化し後から羽化したメスと交尾する。この頃までに雄花ができる。

④ オスのコバチは果実に穴を開けた後、死ぬ。メスのコバチは花粉を付着させて穴から果実の外に出る。

図14　雄雌同株イチジクの送粉過程　〈動画URL〉https://youtu.be/YOwFTeffETA

雌木

花粉をつけたメスのイチジクコバチが小孔から果実内に入る。雌花に花粉が付着するだけで産卵管が届かず産卵できない。花粉が付着し受粉した雌花は種子を作る。メスのコバチは果実の中で死ぬ。

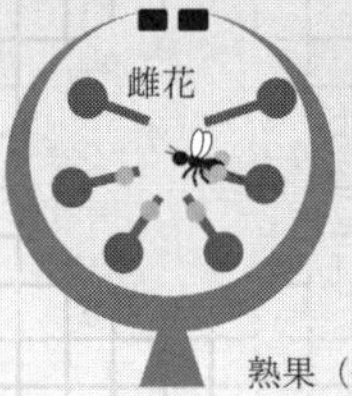

雄木

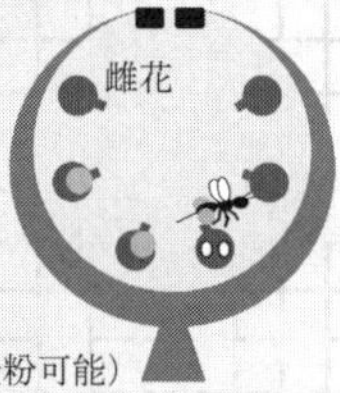

① 花粉をつけたメスのイチジクコバチが小孔から果実内に入る。雌花に産卵管が届くので産卵できる。産卵された雌花は虫こぶになり、そこでコバチが育つ。産卵したメスのコバチは果実の中で死ぬ。

② オスのコバチが先に羽化し後から羽化したメスと交尾する。この頃までに雄花ができる。

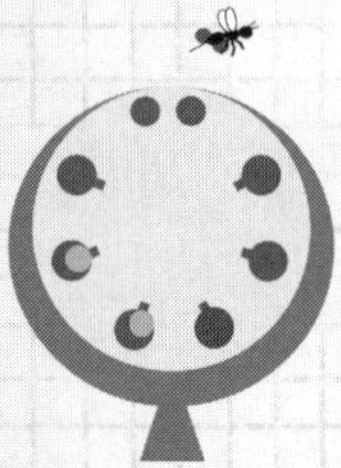

③ オスのコバチは果実に穴を開けた後、死ぬ。メスのコバチは花粉を付着させて穴から果実の外に出る。

図15　雌雄異株イチジクの送粉過程　〈動画URL〉https://youtu.be/-EsXu_vH1R0

雄異株は、もっと驚きの方法で送粉が行われている。

オスの木の果実には、雄花と短い雌花がある。メスの木の果実には、柱頭の形状がオスの木の雌花と異なる長い雌花がある。受粉可能な状態にある、オスの木の果実に侵入したメスのイチジクコバチは、雌花に産卵する。あとは雌雄同株のイチジクと同様の過程を経る。一方、メスの木の果実に侵入した不運なコバチは、産卵を試みるが雌花が長いため胚珠に産卵管が届かない。けっきょく、メスのコバチは受粉だけして自らの次世代を残すことなく果実内で息絶える。[2] メスの木の果実内では、気の毒なコバチが授粉した雌花から種子が生成される。つまり、オスの木はコバチのゆりかごを、メスの木はイチジクの種子を作るために分業している。コバチは果実の外側からは産卵可能かどうか判別できないので、雌雄異株のイチジクに騙されているのだ。しかし、コバチがイチジクを見限ることはできない。なぜなら、産卵場所を失って次世代を残せなくなるからだ。私はこの話をはじめて知ったとき、この美しくも儚いコバチの運命に一驚した。そして、イチジクはなんとしたたかなのだろう、と思った。絶対送粉共生という、悪魔と天使が表裏一体となった契約書にサインしたイチジクとコバチは、互いが互いをコントロールし、騙すようで騙しきれない、裏切ろうにも裏切れない、運命という鎖で固く結ばれているのだ。もしドラえもんにタイムマシンを貸してもらえたら、私は彼らがこの契約書にサインする瞬間を見に行くだろう。一切の無駄を削ぎ落とした自然の究極の美とも言えるこの関係に、ただただ驚嘆するばかりである。

イチジクでつながる生態系

さて、少し興奮してしまったが、イチジクの果実に入るのはコバチだけではない。なんと、イチジクコバチの寄生イチジクコバチがいるのだ。また、果実外部からイチジクに産卵する寄生イチジクコバチもいる。先ほどの美しい話の主人公のイチジクコバチは送粉イチジクコバチで、そのイチジクコバチに寄生するイチジクコバチもいれば、イチジク内に侵入せずに産卵する寄生イチジクコバチもいるのだ。夢に出てきそうなほど「イチジク」という言葉を連発したが、イチジクは、少なくとも三つのパターンのイチジクコバチと独自の生態系を、果実という小さな空間で作っているのだ。

イチジクのすごさはこれだけに留まらない。イチジクは、飢えた動物たちを救うスーパーヒーローなのだ。東南アジアの熱帯雨林では、森林内のさまざまな樹木が同調して開花する一斉開花現象が二〜九年の不定期な間隔で発生する。そしてこれに引き続いて起こる一斉結実期以外は、果実生産が低調だ。とくにボルネオ島は、スマトラ島と比較しても果実量が少ないこともわかっている。では、一斉結実期以外の時期に、果実食性動物たちはただひもじい思いをして食べ物を探しているのだろうか。ここでスーパーヒーローの登場だ。先ほどご紹介したように、イチジクは送粉イチジクコバチに送粉を依存している。したがって、他の多くの樹木と同じように一斉結実期のみに結実していたら、コバチは産卵場所がないので、コバチもイチジクもあっという間に滅びてしまう。送粉イチジクコバチの個体群を存続させるためには、季節に関係なく森林内で常にイチジクの果実がないといけないのだ。動物にとっては、イチジクは森林内のどこかで必ず手に入る食物を提供してくれる、自動販売機のようなものだ。イチジクは、ある動物が選好する食物が手に入らないときでもほぼ確実に食べることができる食物で、専門用語でフォールバックフード（救荒食物）と呼ばれる。世界中でイチジクを食べる動物は、一〇〇〇種以上確認されている。[3] これだけ多種の動物の食物となるのは、イチジク以外に存在しないのではないだろうか。それほど、イチジクは数多くの動物にとって重要な食物なのだ。

植物にとってもイチジクは重要だ。さきほど紹介した半着生型のイチジクの死亡要因の第一位は、自重による倒木である。実際、私が結実状況の毎木調査をした半着生イチジクの約二割が、調査開始から二年以内に倒れて枯死した。鬱蒼とした熱帯雨林では林冠が閉じており、なかなか下層まで光が届かない。しかし、倒木が起こると、その木があった場所に光が差し込む。水を得た魚のようにまず陽樹が一気に発芽、生長し、やがて林冠は閉じていく。こうして森林の更新が起こることで、熱帯雨林の生物多様性は維持される。つまり、イチジクは森林の更新を促すという意味でも生態学的に重要な役割を担っているのである。イチジクの果実の中、イチジクの果実そのもの、そしてイチジクの木と、イチジクのすべてを介して生態系が成立しているのだ。こんなイチジクは、熱帯雨林のキーストーン（かなめ石）植物と呼ばれる。[4] 私がイチジクをただのヒーローではなく、スーパーヒーローと形容した理由がおわかりになっただろうか。

半着生イチジクの種子散布

イチジクの中でも、絞め殺しイチジクを含む半着生型のイチジクは、一回の結実量が多いので、動物に多くの果実を提供する。[2] 日本で果物として売られているイチジク（*Ficus carica*）をイメージしていただけるとわかりやすいが、イチジクは一ミリメートル程度の非常に小さい種子を大量に（一果実期の一個体あたり四〇万〜一三〇〇万個）[5] 生産する。したがって、イチジクを食べた動物は誰でもイチジクの種子散布者になる、下手な鉄砲数撃ちゃ当たる戦略の植物だ。しかし、半着生イチジクの場合は、すべての動物が有効な種子散布者になれるわけではない。半着生イチジクは宿主の樹冠で発芽、生長する。つまり、木に登るか飛ぶことができる動物でないと、種子を樹冠まで運べない。また、宿主の樹冠であればどこでもよいわけではない。イチジクの種子は、水分が十分にないと発芽できない。初期段階では光よりも、水分の確保の方が大事なのだ。樹冠のような直射日光にさらされるカラッカラに乾いた場所で水分が常に確保できる場所は、樹洞や腐った葉や木が蓄積した木の股や枝のつけ根、着生植物や苔が付着した枝などに限られる。[6] つまり、半着生イチジクの種子は、樹上に適当にばらまかれるとよいのではなく、樹冠でも上記のような環境に散布してもらわないと、死んでしまうのだ。なんと超繊細でわがままなのだろうか。

世界の熱帯雨林の中で樹高がもっとも高く、森林の階層構造が発達しているボルネオ島では、たった〇・〇一パーセントの半着生イチジクの種子しか発芽・生長に好適な環境に散布されず、五〇パーセント以上が親木の下に落ちて、虚しく死を迎える。[5] 非常に限られた場所でしか発芽・生長できない「超繊細でわがまま」なので自業自得だと思う。しかし、半着生イチジクは樹冠が大きい、つまり大量に果実をつける個体が多いので、動物にとって大切な食事場所だ。絶滅してしまっては困る。下手な鉄砲数撃ちゃ当たる戦略に依存するのではなく、確実に好適な環境に種子を運んでくれる義理堅い動物がいるのではないか。実際に、サバ州の森林保護区を歩いていると大きな半着生イチジクの個体を目にする機会は多いので、わがままな種子でも一定数はちゃんと好適な環境に散布されているようだ。

半着生イチジクは生態系のかなめ石であるにもかかわらず、好適な環境に種子を散布してくれる義理堅い動物は一体だれなのか、つまり種子散布機構はほとんどわかっていなかったのだ。樹上と

半着生イチジクの定着

半着生イチジクが発芽・定着した場所と、実生のようす。
[イ]枝が折れて表面がでこぼこした箇所、[ロ]樹洞の中。

いうただでさえアクセスが困難な環境で、限られた微環境に散布された動物の糞を探したいと思う研究者は少なかったのであろう。そして、下手な鉄砲数撃ちゃ当たる戦略に疑問を持つ人は少なかったのだろう。私という無鉄砲な人間が現れるまでは。

イチジクの発芽に適した木の股や枝に糞を塗りつける動物——。私の頭に浮かんだのは、ダナンバレーで見たビントロングの姿だった。この章の冒頭で書いたように、ビントロングは樹上で排泄する。しかも、特定の場所に糞をすりつける。数回の観察例にもとづくものだが、もしビントロングがそういう習性を持っていたら、半着生イチジクの有効な種子散布者なのではないだろうか。

2 新たにマリアウの森へ

苦しかった7か月

半着生イチジクの研究テーマに行きつくまで、博士号を取得してから約半年かかった。ご存じの方も多いように、博士号を取得したからといって、すぐに研究者として定職を得られる人はほんの一握りである。大半はポスドク（博士研究員）と呼ばれる研究者として国内外の研究施設で任期つきで働く期間を経て、定職に就く。――と簡単に書いたものの、ポスドクの期間は人それぞれで、定職のポストが空かない限り、何年もポスドクから抜け出せないという状況も普通にある。私は、コタキナバルに新設される大学の学長から講師のポストをいただいたので、大学が完成するのを待つだけだった。しかし、マレーシアでスムーズに事が運ばないのは、研究面だけではなかった。当初、六月から授業開始と言われていたのに、五月になってもまだ大学の運営が開始していないのだ。学長に問いただすと、政府から学部新設の許可が下りていない、と告げられた。その日から、いつ下りるかわからない許可を待つ地獄の日々が始まった。当然給料はなかったので、ぜいたくはできない。金銭面よりも、何もできない中途半端な状態がいつまで続くのかわからないことが苦しかった。どんな学生を対象にどんな内容の講義をするのかも不明なので、授業の準備もできない。

目標を失った人間は脆い。野生動物は、活動のためのエネルギーを獲得するために日々生きている。大した苦労をせずに食べ物を手に入れることができる状況にいる人間は、獲得したエネルギーを生存に直接役立たないことにも費やす。当時の私は、自分の存在価値を見出すために出費するエネルギー量が多かったのだろう。修士研究が終わったときもそうだったが、私はストレスを感じると体重が落ちるらしく、このときも二週間で七キロも体重が落ちた。一〇月になっても許可が下りたという連絡はなく、私の精神状態は限界だった。しかし、一通のメールで状況は一気に変わった。私はその年の日本学術振興会（学振）特別研究員制度に応募していた。昨年度も応募したが、明確な研究テーマが完成していなかったので、不採用だった。メールを読み、今年度の審査結果を確認すると、なんと面接なしで特別研究員に採用されたのだ。特別研究員とは、採用されると三年間自らの研究に専念できる、日本を拠点にするポスドクの救世主のような制度だ。そして私も、二〇一六年度からその特別研究員として採用されたのだ。来年四月から三年間は思いっきり研究に没頭できる。そのころの私の頭からは、新設大学のことはすっかり消え去っていた。講師になるというオファーは丁重にお断りし、すぐに私はフィールドに向かった。

新たな調査地

特別研究員としておこなう研究のテーマは、半着生イチジクの種子散布者としてのビントロングの有効性を評価することだった。また、比較のためにミュラーテナガザル（以下、テナガザル）の有効性も評価する予定だった。ビントロングはおもに夜行性で、これまでの経験から、追跡が困難であることはわかっていた。そのため、発信機を装着する必要がある。新年度が始まってから捕獲を開始したのでは、ほぼ確実に研究に遅れが生じる。すぐにでも捕獲を開始する必要があった。それに、コタキナバルで政府からの学部新設の許可を毎日待つだけの日々を送って精神的にぼろぼろになっていた私は、一日でも早く森に帰りたかったのだ。博士研究でお世話になったダナンバレーに入るには、ラハダトゥという町に行く必要がある。しかし、外務省により、ラハダトゥを含むサバ州東海岸一帯は渡航危険度が四段階中の三に指定されていたので、ラハダトゥに近づくことはできなかった。そこで、内陸部にあるマリアウベイスン自然保護区（以下マリアウ）に調査地を変えた。

新しい調査地で新しい研究を始めるので、準備は早ければ早い方がよい。マリアウに行くには、コタキナバルからマリアウに入る分岐点まで乗り換えなしのバス一本で約八時間で行ける。分岐点からサバ財団の車で約四〇分で拠点に到着する。ダナンバレーに行くにはコタキナバルからプロペラ機で一時間、そこからサバ財団の車で約二時間だったので、マリアウに入る時間はダナンバレーの約三倍かかる。しかし、コタキナバルからバス一本で乗り換えなし、すべて陸路で調査地に入れるのでダナンバレーよりも近く感じた。すでに調査許可は下りていたのでマリアウに入り、さっそく聞き込みをおこなった。すると、皆協力的で、ビントロングを見たことがある場所に次々と案内してくれた。そのほとんどはイチジクの木だったが、中にはマテバシイの一種や自宅の勝手口で見た、という方もいた。そこで、比較的アクセスがしやすく樹冠が大きいイチジクの木を標識し、いつ結実するのかモニタリングすることにした。ダナンバレーで使用していた罠をマリアウまで運び、いつでも捕獲ができる状態にした。

三か月後、チャンスはやってきた。カタバナガアカグロ（*Ficus forstenii*）という半着生イチジクが結実した。しかしその個体の宿主は枯れていたので、その木を登ると折れる可能性があった。そこでそのイチジクの隣の木に登って、タイでビントロングを捕獲した研究にならって、鶏肉とバナナを餌にした罠を設置した。次の日、罠を確認すると、メスのビントロングが入っていた。ダナンバレーで一年近くかかってようやく一頭捕獲できたビントロングが、マリアウで調査を開始してたった三か月であっさりと捕獲できたのだ。そのビントロングをマヌック（Manuk ドゥスン語でニワトリ）

と名づけ、その日からしつこい追跡がまた始まった。

最初のうちマヌックは捕獲されたイチジクと、（場所は特定できなかったが）別の採食場所の間を往復していたが、一週間後にダエンチュウバコマシロ（*Ficus callophylla*）とヘイコウブチウスアカ（*Ficus subcordata*）の二種の半着生型のイチジクが一つの木になっている場所に移動した。どちらも結実していたので、数えきれないくらいたくさんのゴシキドリやサイチョウがうるさく鳴いていた。このイチジクは孤立しており、枝やつるで隣接した木がなかった。この木に登るには、幹を直接登るか、傾いて地面とイチジクの幹を橋渡ししていた倒木を使うかしかなかった。ダナンバレーでの観察の経験から、ビントロングは樹冠が大きく結実量が多いイチジクでは二個体以上が採食する可能性があることと、ビントロングをはじめとした樹上で採食をする動物は、少しでもエネルギー消費を抑えるために楽な方法で採食場所にたどりつくことを知っていた。私は、この木にマヌック以外のビントロングが訪れることと、倒木を使ってイチジクに登ることを確信した。そしてその日のうちに、倒木を登って最初に出会う二股になった枝の片方に罠を設置した。ダナンバレーのパスイだけかもしれないが、ビントロングは再捕獲されにくいことも知っていた。マヌックを捕獲して一週間しか経過していないので、再捕獲される可能性は低いだろう。そう思って餌のバナナを仕掛けた。罠を仕掛けて待つこと三日目の朝、ついにその日がやってきた。マヌックとは別のメスのビントロングが罠にかかったのだ。マヌックを捕獲してから一週間しか経過していないのに、またビントロングに発信機を装着することができた。これは奇跡としか言いようがなかった。二頭目のビントロングをプンティ（Punti ドゥスン語でバナナ）と名づけた。そしてこの日から、マヌックとプンティの採食場所と排泄場所を探索する日々が始まった。

マリアウでもっとも過酷なアクティビティ

ビントロングの追跡は、気温が上がり始める午前8時までに森に入って寝場所を特定することから始まる。マヌックは移動距離が短いことが多く、追跡は比較的容易だった。一方でプンティは頻繁に行方不明になった。直線距離にすると一キロ程度だが、タビンを彷彿とさせる棘のついたつる植物が繁茂したいばらの道を越えた先にいたり、傾斜五〇度はある谷筋を超えた先に一晩で移動したりした。おそらくプンティはもっと楽な経路で目的の場所まで移動しているのだろうが、プンティから発せられるシグナルを頼りに直線的に移動する私たちは、そうした障壁を突き進むしかなかった。マリアウは、マリアウ盆地の急斜面を登った盆地内にあるマリアウ滝を二泊三日で見に行くトレッキングツアーを売りにしており、マレーシア国内外からトレッキング客が訪れていた。ある日、そのツアーにポーターとして同行する体力自慢の若者が私の調査に同行してくれることになった。

その日プンティはいつものように前日の夜に確認した採食場所から移動しており、山を二つ越えた先から辛うじてシグナルが聞こえた。その山に行くには、源義経が乗った馬はおろか、鹿でさえも怯むのではないかと思うほどの急斜面を降り、ほぼ同じ傾斜の斜面を登るのが最短経路だった。すでに道なき道でシグナルを探し回り、時間と体力を消耗した私たちの脳は、きっとグルコース不足だったのだろう。迷わずその最短経路を選んだ。人それぞれだろうが、私の場合は山を下る場合は重心を低くして、進行方向に対して体を九〇度に向け横向きで降りる。体重は進行方向に向けた足の前太ももとふくらはぎの筋肉にかける。片方の足だけに負担がかからないように、約一〇メートル進むごとに体を一八〇度回転させて両足バランスよく負担がかかるようにする。また、降りるときに足が根に引っかからないように足は普段歩くよりも高く上げる。斜面を登るときは、進行方向と同じ向きに体を向け、足を「ハ」の字にして登る。ほぼすべての体重を前太ももの筋肉にかける。呼吸が乱れないようになるべく一定のリズムにするよう心がける。私の場合はそうすると、長時間疲れることなく斜面を登れる。こうした歩き方は、幼少期に山で遊んでいるうちに自然と習得した。

斜面を登り下りしている最中も、藪漕ぎは欠かせない。藪漕ぎと書くと、生い茂った笹やイネ科の草本植物を手で掻き分けたりナタで切り払ったりして進むことと思われるかもしれない。しかし、マリアウやタビンの藪はとげのついたつる植物やヤシ科の植物、目に刺さりそうな位置にある枝だった。日本で藪と呼ばれる、笹や草本植物が生い茂った場所は、ボルネオ島の森では完全に開けた空間が多かったので、切り落とすつる植物や枝が減り、楽に前進できるのでうれしかった。ボルネオ島の熱帯雨林では、藪漕ぎと言ってもなかなか前に進めず、漕げないのだ。二メートル進んではつる植物や枝を切り落とすために立ち止まり、また二メートル進む、の繰り返しだった。場所にもよるが、五〇〇メートル進むのに朝から夕方までかかることが普通だった。毒ヘビや毒毛をもつ毛虫、棘のついた植物やウルシ科の植物があるかもしれないので、少なくとも刃渡り三〇センチメートルはあるナタが必要だ。ナタを振り下ろす前に、ヘビ、毛虫、ハチなどの生物がいないかを必ず確認する。ナタを何度も振るので、なるべく一太刀ですませて腕の疲れを最小限にとどめる。また、枝やつるの切り口が目に当たったり突き刺さったりしないように気を付ける必要がある。そのためには刃を鋭く研ぐだけでなく、木や枝が伸びる方向を見て刃を入れる角度と方向を瞬時に見定める必要もある。樹上から垂れ下がった直径七センチメートルはあるつる植物は強敵で、一振りや二振りでは切ることはできない。しかも、切るつるを間違えると樹上からすべてのつるや枝が落ちてくる危険もあるので、なるべく切らないか、切っても安全で通過するのに必要な分だけ切る。森で効率よく動き回るにはもちろん体力が一番重要だが、瞬時の判断力も同じくらい大事なのだ。そうして山を越えると、イチジクの結実木が見つかった。そして、シグナルはその木から二〇メートル程度離れた場所でもっとも強くなった。つまり、そこが

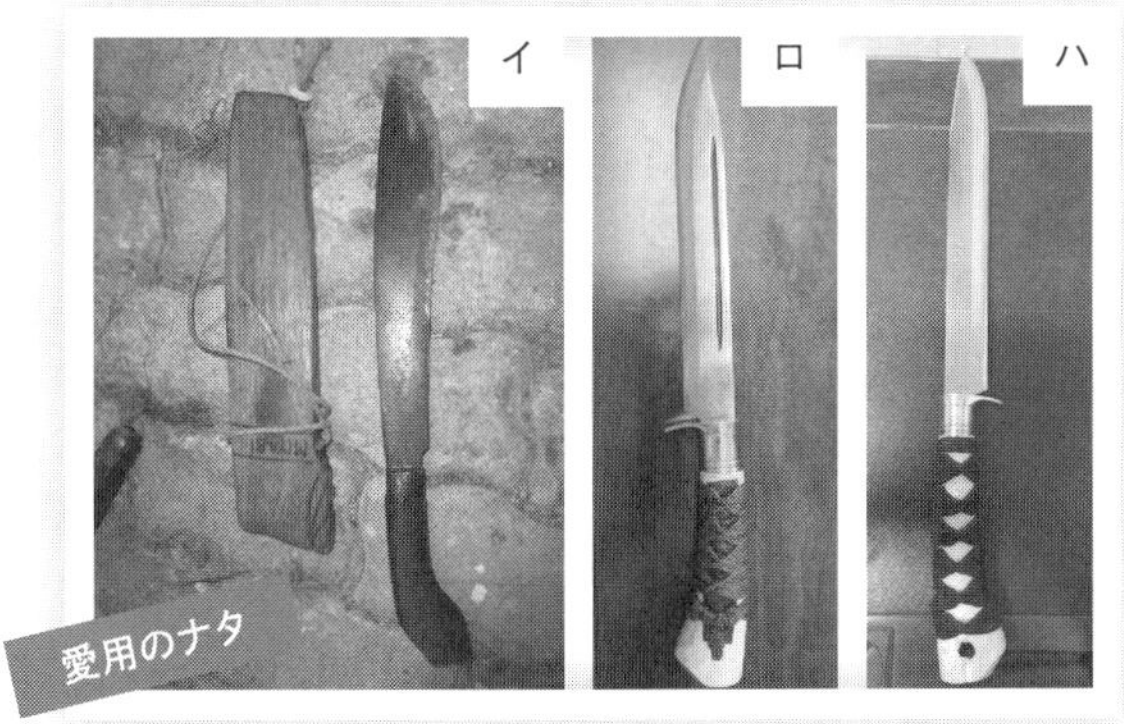

筆者愛用のナタ3つ。[イ]調査路を作ったり悪路を行ったりするときは現地で売られている安く折れやすいナタを使った。[ロ・ハ]日本人の矜持を忘れないために、サンダカンの市場で買ったエイをさばいて皮をなめし、柄糸を巻きつけて日本刀の柄風にした。しかし、おもにアニメの影響による昨今の日本刀ブームのせいで、使うのが恥ずかしくなってしまった。

プンティの寝場所だ。寝場所が特定できたらそこでビントロングが起床して移動するまで待ち、採食と排泄を確認するまで追跡する。その日は寝場所の特定までにあまりにも時間がかかったので、調査を終えることにした。また同じ道をたどり、すっかり日が傾いた頃に帰路についた。ビントロングの追跡に同行した若者は、「トレッキングよりはるかにきつい」とつぶやいた。一部でキナバル山登山より過酷だと言われているマリアウ滝へのトレッキング客向けに「マリアウ滝に行ってきました」と書かれたTシャツがお土産として売られているが、「ビントロングを追ってきました」と書かれたTシャツを着た方がインパクトがあるのではないだろうか。

3 樹上60メートルの糞探し

本題に取り掛かる

マヌックとプンティを追っているうちに、いよいよ学振の特別研究員としておこなう本題に取り組むときが来た。採用内定から課題遂行までの準備期間七か月でビントロング二頭を順調に追跡できたので、非常に円滑に本題の「ビントロングによる半着生イチジクの種子散布」を進めることができた。もし博士課程を修了した次の年に特別研究員に採用されていたら、最初の一年間はビントロングの捕獲だけで終わったかもしれない。そう考えると、苦しかった七か月も無駄ではなかったと思えた。

半着生イチジクの種子の散布環境を評価するために、まずビントロング二頭が半着生イチジクの果実を採食した場合は結実木を去ったあとをついて歩き、立ち止まる場所を特定することから始めた。立ち止まった場所を特定すると、翌朝その場所に登って糞の有無と、どういった場所にたどり着いたのかを確認した。移動の最中に排泄している可能性もあるが、夜の熱帯雨林の樹冠でそれを確認することはほぼ不可能だった。ビントロングが樹高一五メートル以下の木で排泄してくれればよいのだが、すべて樹高二〇メートル以上だった。素手で登るには危険なので、ロープを用いて登攀する必要がある。ドローンを飛ばして確認する方法もあるが、プロペラがついたドローンをつる植物や枝が重なり合った樹冠まで飛ばすと、高確率で引っかかって操作できなくなる。現時点では、ドラえもんがタケコプター（ドラえもんのひみつ道具のひとつ。竹とんぼのようなものがついた半球を頭に乗せると、空を飛ぶことができるようになる）を貸してくれるのを待つか、地道にロープで登攀するかしか方法がない。ドラえもんがマリアウに来るのを待っていられないので、後者を選んだ。ロープを用いた登攀も、簡単な作業ではない。まず、高さ二メートルある巨大パチンコを使って、リールにつながった釣り糸を結んだおもりを枝に飛ばす。この枝にロープを掛けて登るので、枝選びは慎重に行わなければならない。昇降中にロープが掛かった枝が折れた場合でも次の枝に引っかかるように、なるべく高い場所にある枝を選ぶ。釣り糸が枝に掛かったら、次は釣り糸を直径三ミリの紐につけ替える。そして、紐を登攀ロープにつけ替える。ここまでの作業に、早くても一時間はかかる。ようやくロープを上る準備が整うと、ハーネスを着用し、アッセンダーという用具をロープにセットし、ロープを上る（口絵8ページ参照）。この作業がもっとも体力を要する。アッセンダーを持った手をなるべく高い位置まで突き上げ、両足をなるべく高い位置に上げる。つまり、体の伸び縮みの分が一回に上れる距離だ。ダイナミックに体を使えば上る距離を大きくすることができるが、その分体力を消耗する。私の場合、四〇メートル登るのに三〇分を要する。樹冠に到達する頃には前太ももがパンパンになっている。体重が重くなると木にかかる負担が大きくなるだけでなく、登るのに要する体力も増すことになる。そのため、筋肉を大きくしつつも無駄な筋肉がついて体重が増えないように、この頃の私は食事や運動に細心の注意を払うアスリートのような生活をしていた。

地上での作業を含め、二時間以上かけてようやく樹上にたどり着いても、ゆっくりと樹上の景色を楽しむ暇はない。熱帯雨林の樹上を通り抜ける心地よい風に吹かれながら、乳酸が溜まった腕と太ももに鞭を打ち、血眼になって「うんこはどこじゃー」と、ビントロングの糞を探す。糞を見つけたときはこみ上げる喜びに口元をゆるませながら、糞がある場所（枝の上や木の股など）を記録し、糞に含まれる種子の発芽率を調べるために糞の一部を持ち帰った。糞の付近に枝があれば、実生の生存率を記録するために、六時間おきに撮影するよう設定したタイムラプスカメラを設置した。

とくに驚いたのは、ビントロングの糞を、樹上六〇メートルの地点でフタバガキの幹に着生して

樹上60m地点の着生ラン(シンビジウム)の根塊で発見したビントロングの糞。まるで肥料を与えているかのようだ。丸い葉の植物はジュジョウウチワバ(*Ficus deltoidea*)で、地面に根を下ろさず樹上で一生を過ごす着生性のイチジク。

いたシンビジウムというランの仲間の根の塊の上で見つけたときだ。シンビジウムは日本の花屋でもよく目にするランの仲間で、愛好家も多い。着生ランの真ん中にどっさりと置かれたビントロングの糞は、まるでそのランに肥料を与えているかのようだった。そうか、このランがきれいな花を咲かせるのにもビントロングは一役買っているのだ、と感心した。それからというもの、花屋や空港などでシンビジウムを見るたびにビントロングのてんこ盛りのうんこを思い出し、ピンク色や黄色の芳しい脳内が一瞬で輪になって小躍りするビントロングたちに占領される。ビントロングのせいで、ランの花を見ても美しいと思えなくなってしまった。ともかく、こうして私はボルネオ島の熱帯雨林の樹上でビントロングのうんこを見つけては、一人でにやにやしていたのだ。

ダナンバレーで捕獲したパスイを含める三個体のビントロングにもとづくデータではあるが、すべての個体が樹上で排泄した。しかも、そのほとんどが半着生イチジクの絶対的な発芽条件の、水分を含む基質がある環境だった。かつてダナンバレーの樹上で見た光景が間違っていなかったことを確信した私は、安堵の胸をなでおろした。しかし、ビントロングだけを見ていても、彼らのすごさを証明することはできない。学振の申請書に書いた研究計画通り、ビントロングと体重がほぼ同じで、樹上性かつ食物をイチジクの果実に強く依存している、テナガザルの排泄場所と比較することにした。

決死のテナガザル尾行

テナガザルはボルネオ島以外の地でも研究例が多く、種子散布に関する研究も充実している動物だが、排泄場所に関する記載は見つからなかった。テナガザルの種子散布研究の論文を読むと、地面で発見した糞から種子を回収している。しかしこれだけでは、樹上にある糞は無視したのか、そもそもテナガザルの糞はすべて地面にあるのかわからない。著者に質問することもできるが、まず自分の体を使って確かめることにした。

ダナンバレーでもテナガザルを追いかけたことがあったが、手ごわい相手だった。発信機をつけたビントロングを追いかけた場合、森を走る必要はほとんどなかった。しかし、テナガザルを追いかけた場合は、森を歩くことはほとんどなかった。テナガザルは普段大きな音を立てて林冠を移動するので、見失っても再発見は簡単に思える。しかし、テナガザルは追跡者がひとたび姿を見失うと、そのことを見透かしたかのように、音を立てずに静かに移動するのだ。樹上で採食中の個体をその木の下で観察していると、下を見ながらお尻を動かしていた。次の瞬間、お尻からうんこ爆弾が発射された。私にかかるようにお尻の位置を調節していたとしか思えない。他にも、イチジクの木にやってきたビントロングを殴ったという、目を覆いたくなるような暴行事件がタイで報告されている。[7]下手をすると私も殴られる可能性がある危険な相手だ。緊褌一番、テナガザルに挑んだ。

テナガザルは一般に、オスとメスで構成されるペア型の社会をもつ。私がタビンやダナンバレーで見たテナガザルもすべてペアだった。しかし、マリアウのテナガザルには驚かされた。テナガザルを見つけて観察していると、もう一頭がジャンプして隣の木に移動した。またもう一頭が移動した。「?・」マリアウ以外でもオスメスのペアと、エイリアンのような顔をしたコドモ一頭を含む群れはよく見たが、先ほどの個体はどう見てもオトナだった。そしてまたもう一頭、もう一頭と次々とオトナがジャンプした。「??!」なんとマリアウのテナガザルは、八個体からなる群れを形成していたのだ。私が遭遇した群れが異常なのではなく、他にも少なくとも七頭から構成される群れを目撃したことがあったので、マリアウ周辺に特有なのかもしれない。大所帯のテナガザルの群れを構成する個体の性別や血縁関係はまだわかっていない。

ダナンバレーでは、二頭のうち片方を追ったら次回はもう片方を追うことができたが、八頭もいるとどの個体を追跡すればよいのか迷った。とりあえず一頭を追いかけていると、体が大きな一頭が立ちはだかった。これまで森でばったり出くわしたオランウータンやキョンに何度も威嚇されてきた。ウサギのように小さくかわいいマメジカでさえも、割り箸のような両足で地面を蹴って私を威嚇してきた。今更怖れるものなど何もない。殴りに来るなら来い、と構えた。しかし、その個体は想像を絶する手を使って私を攻撃してきた。なんと、枝を投げてきたのだ。しかも、小枝ではなく直径五センチはある太い枝を私の頭上めがけて落としてくる。まるで、青柿を投げつける、「さるかに合戦」のサルのようだった。私はカニのように死んでしまうわけにはいかなかったので、その日は退却した。

次の日群れを探し回ったが、ついに発見することはできなかった。テナガザルは縄張りを主張するために早朝から大声で吠える。その声の発信地を特定できるようになるまで一週間かかった。一週間後の朝、ようやくあのテナガザルの群れを再発見した私は、今度こそは、と追跡を開始した。五分後、あの凶暴な個体がまたやってきた。今回は追跡を諦めるわけにいかない。私はその個体が頭上に来てもすぐに移動せず、枝を落とす直前にちょこまかと移動して苛立たせる作戦をとった。すると、苛立ったのかどうかはわからないが、ついにその個体は攻撃を諦めたのだ。「勝った。」私はしたり顔をして別の個体を追跡した。個体といっても、四頭が一緒に移動していた。突然四頭の動きが止まったと思ったら、同じ場所で三〇分以上休憩した。一頭が移動し始めたので、私はその個体のあとを追った。その個体が休憩場所から五〇メートルほど離れたときだった。休憩場所に留まっていた残りの三頭が、私とは逆方向に一斉に移動した。この三頭を追うには、彼らから離れすぎてしまった。そして、私が追ってきた一頭は私が三頭に気を取られている一瞬の間に突如姿をくらました。そうか、この一頭は他の三頭を私から引き離すためのおとりだったのか。してやられた。私は、テナガザルのおとり作戦にまんまと引っかかったことに気がついた。勝ったのはチームプレイをしたテナガザルだったのだ。

複数のテナガザルが鳴き交わしている。この動画はサバ州のインバックキャニオン自然保護区で撮影したものだが、ダナンバレーで聞いた鳴き声とは異なるリズムだった。

〈動画URL〉https://youtu.be/bcDH_ik2zd0

　テナガザルはペア型社会といっても、オトナのオスとメスが常に行動をともにするわけではない。ダナンバレーでテナガザルを追跡したとき、離れたペアの片方を追って一時間ほど経過したとき、事前に打ち合わせをしていたかのように突如もう片方の個体が現れて合流することが何度もあった。マリアウの八頭のテナガザルたちも、私の尾行の対策会議を開いていたのだろう。こうしてマリアウの八頭のテナガザルたちは作戦勝ちした。この日で私はテナガザルの追跡をやめた。二頭のときは何とか追跡できたが、人づけされていないオトナ八頭の群れを一人で追跡するのにこれ以上時間をかけるよりも、ビントロングを追跡する方に時間をかけたかったからだ。私は、ダナンバレーでテナガザルを研究されている井上陽一さん（東京大学）にテナガザルの排泄場所のデータを提供していただくことにした。餅は餅屋だ。

サイチョウを追ってジャングルを爆走する

ビントロングの半着生イチジクの種子散布者としての有効性の評価、というテーマのこの研究を開始した当初から気になる存在がいた。それは、サイチョウだ。嘴が大きいので新熱帯のオオハシとよく混同されるが、サイチョウはアジアとアフリカに分布しており、上嘴のつけ根にカスクとよばれる突起がある。サイチョウという種は、サバ州のお隣、マレーシア・サラワク州のシンボルである。食物をイチジクの果実に強く依存しており、とくにオナガサイチョウ（*Rhinoplax vigil*）は食物のほぼ一〇〇パーセントをイチジクの果実が占めていると言われている。[8] サイチョウは、東南アジア熱帯でもっとも重要な種子散布者の一つ、と広く認識されている。多様な種の果実を種子ごと飲み込んで、一キロメートル以上離れた場所に種子を散布するからだ。[9][10] しかし、テナガザルと同じく、これまでの研究はすべて地面で発芽する種子を扱っていたので、樹上の種子散布環境はわかっていなかった。種子散布環境を特定するには、サイチョウが排泄する瞬間に居合わせなければならない。つまり、サイチョウの追跡が必要だ。学会でサイチョウにテレメトリー発信機を装着して散布距離を推定する研究発表を聞いたことがあったが、実際に走って追いかけた人は少ないようだ。当

ボルネオ島に生息するサイチョウ8種のうち、本書に登場する3種。
[イ]オナガサイチョウ、[ロ]サイチョウ、[ハ]カササギサイチョウ。このほかにズグロサイチョウ、クロサイチョウ、シロクロサイチョウ、ムジサイチョウ、シワコブサイチョウが生息している。

たり前である。下草やつる植物がない空を自由に飛ぶ鳥を追いかけるには、熱帯雨林を走るか鳥のように飛ぶしか方法がないからだ。私はもちろん前者の方法でサイチョウを追跡することにした。ターゲットは、ボルネオ島に生息するサイチョウ八種の中でもっとも強くイチジクに依存している、最大の種オナガサイチョウだ。オナガサイチョウは赤色〜茜色のカスクを持ち、それに彫刻したものが装飾品として一部の富裕層に珍重され、高額で取引されている。そのため、カスクを目的とした密猟と生息地の減少により、IUCNのレッドリストに絶滅危惧IA類（ごく近い将来に野生個体群が絶滅する可能性が極めて高い種）として記載されている。サバ州でもその姿を見ることができるのは、比較的大きな森林が残されている保護区などに限定される。マリアウにも健全な個体数が残されていた。オナガサイチョウの鳴き声は非常に特徴的で、文字で表現すると「カッ……カッ……カッ…カッ…カ…カッ…カッ…カッカッカッカカカカカカカカカカカ

カカカカ」と笑っているように聞こえる。

オナガサイチョウを一羽見つけたので、採食場所から飛び立つのを待ち、追跡を試みた。しかしすぐに見失った。その原因は、上空のサイチョウを見ながら目前にある下草やつる植物をナタで切り落としながら走ることが難しかったからだ。やはり鳥を追うには鳥になるしかないのか。地べたをかけまわる泥まみれの篠山のイノシシには、ボルネオ島の空を優雅に舞うオナガサイチョウは追えない存在なのか。そんなことはないはずだ。カラカルというネコ科の動物は、飛んでいる鳥を捕獲できる。ネコにできてイノシシにできないわけがない。誰かに揶揄されたわけでもオナガサイチョウを捕獲するわけでもないのに、私は一人燃え上がった。目前にある邪魔なつるや枝など、気にしなければよい。そして、ナタ、双眼鏡、リュックサック、デジタルカメラ、ノートとペンまでも置いて、身一つになった。私は走った。故郷篠山の名誉にかけて。ナタを使わずとも手で払いのければ前に進めた。オナガサイチョウの糞が行きつく場所を特定することだけを考えていたので、自らの体が傷つくことなど、どうでもよかった。そうしてバササバサと音を立てて飛んで行くオナガサイチョウのあとを追って猪突

成鳥の鳴き声（00:00～00:15頃）、幼鳥のおぼつかない鳴き声（00:15～00:41頃）。〈動画URL〉https://youtu.be/qdBK0zj-Va8

猛進を繰り返した。

予想に反して一回で移動する距離は短く、一〇〇メートル以下が多かった。オナガサイチョウは体重が三キロあり、サイチョウの中で唯一中まで硬いカスクを持つ。重い頭部があるので頻繁に休憩が必要なのだろうか。これは私にとって好都合だった。しかし、追えるのはよいが、排泄を観察できたのはまれだった。一〇〇回以上追いかけて、排泄を見たのは一七回だった。データ数は少ないが、おそらく私は地球上でもっとも多く営巣期以外の野生のオナガサイチョウの排泄行動を記録した人物なのではないだろうか。今になって後悔しているのは、カメラを持っていなかったので、排泄の瞬間の写真が一枚もないことだ。しかし、カメラを持って走っていたらオナガサイチョウに追いつけず「カッカッカッ」と嘲笑われていたかもしれない。

オナガサイチョウの糞

こうしてもぎ取ったデータをまとめると、以下のようになった。すべて樹上で排泄をおこなったが、一七回のうち一〇回は糞が地面に落ちた。五回は枝や幹に糞の一部が引っかかり、二回は下層の葉に糞がかかった。階層構造が発達したボルネオ島の熱帯雨林で、樹上で排泄した糞が地面に落ちるということは、糞重量が重いか下層が開けた環境で排泄をする習性があることが考えられる。オナガサイチョウの糞はシベットのように水分を多く含み、重さは五グラムもなかったので、おそらく後者だと思われる。観察を重ねてこのことが証明されると、オナガサイチョウは半着生イチジクの種子散布には向いていないことがわかった。一方で、地面で発芽するイチジクやその他の一般的な植物にとっては好都合だ。これらの研究の解説は次の節でさせていただく。

三十路に突入しても、けっきょく体力に頼る研究をしてしまった。ともあれこうしてオナガサイチョウの猛追を終え、ようやく落ち着いた生活を取り戻したが、身体の表面はボロボロになっていた。腕は棘のある植物や葉によるひっかき傷まみれだったし、足首はイノシシにつくダニに噛まれた跡だらけだった。それから四年以上経ち、腕の傷は完治したが、足首は今でも痒い。イノシシのように森を駆けた証が消える日は遠いようだ。

4 有効な種子散布者とは

研究の背景

ここまでで半着生イチジクの種子散布に関する調査風景を紹介したが、この節では皮膚も衣服もボロボロにしながら掴み取った結果をまとめ、少しまじめな話をする。肩に力を入れて読んでいただきたい。

まず、ポスドク時代におこなった研究の背景をもう一度簡単に説明する。この章の冒頭でも書いたように、半着生イチジクの種子は宿主となる木の樹冠部に散布される必要がある。さらに、樹冠部の中でも常に水分が獲得できる、樹冠土壌や苔などの基質がある微環境に種子がジャストミートしないと、死んでしまう。いくらイチジクの種子は小さく大量にあるといっても、そうした微環境に種子が運ばれなければ、種子散布は無効になる。イチジクの種子を口腔内や体内で破壊する動物は一部のハトやネズミくらいで、半着生イチジクの果実を食べた動物は、ほぼすべてが種子散布者になる。しかし、種子が発芽できる微環境に種子を運ぶ「有効な」種子散布者はごく一部だ。少なくとも、樹上性または飛翔性でなければ、樹冠部に種子を散布できない。そこで、半着生イチジクを採食する動物は、有効な種子散布者として役割を果たしているのかどうかを調べることにした。欲を言えばイチジクを食べる動物すべてを研究対象としたかった。が、樹上五〇メートルでスズメくらいの大きさのゴシキドリやコノハドリがイチジクを食べても、下から観察する私には、ちょこまかと動く緑色の米粒（ゴシキドリやコノハドリ）があるなぁ、だんだんと赤色や黄色の胚芽（イチジクの果実）が減っていくなぁ、くらいにしか見えない。米粒や胚芽が見えればいい方で、ほとんどは樹冠の内部でピーチクパーチク言いながら何かが動いている、程度だった。二〇二一年現在では、自動撮影カメラを樹上に仕掛けたり、ドローンを使用したり、登攀技術が発達したことで以前よりも樹上での研究が容易になった。しかし、カメラは決まった画角でしか撮影できないし、近距離でドローンを飛ばすと大抵の動物は驚いて逃げるので、樹冠全体や動物の詳細な採食行動の観察にはこうした文明の利器はまだまだ弱点がある。何より、定点から録画された何百、何千もの画像や映像を延々と見るよりも、徹夜してでも実際に動いている動物を、五感を駆使して追いながら観察することは、私にとって何よりの楽しみだった。

この研究では半樹上性のビントロングと、比較対象として樹上性のミューラーテナガザル、飛翔性のオナガサイチョウに着目した。この三種には、食物をイチジクに強く依存している、という共通点がある。ビントロングは食物の約九〇パーセント、テナガザルは他の果実量にもよるが、一五〜六〇パーセント、オナガサイチョウはほぼ一〇〇パーセントをイチジクが占める。[11][12][13] また、この三種はボルネオ島ではそれぞれの分類群で体サイズが最大または最大に近いという点も共通している。ビントロングは体重七〜一〇キロでジャコウネコ科最大、オナガサイチョウは三キロでサイチョウ科最大、テナガザルは六〜七キロでボルネオ島に生息するヒト上科ではオランウータンに次いで大きい。そのため、結果を比較する際に体サイズによる影響を小さくすることができる。では次に、この三種が半着生イチジクの種子散布者として有効なのかどうかをどうやって比較するかを考える。

量と質

ある動物による種子散布が有効かどうかは、二つの観点から評価する必要がある。一つは量的要素、つまり「どのくらいの量の種子を散布したか」だ。もう一つは質的要素、つまり「散布された種子がどのくらい次世代を残したか」である。量的要素は単純そうに思えるが、対象となる動物一匹が一生のうちに散布した種子の量なのか、ある地域におけるその動物の個体群の散布量なのか、対象となる植物が果実をつけたある時期の散布量なのか、その時期のうち一日の散布量なのか、ある地域におけるその植物の個体群全体の散布量なのかなど、評価する対象や時間的・空間的な規模を設定する必要がある。質的要素の評価には、ある動物に散布された種子の発芽率や散布された環境の評価、その環境での生存率などがある。定着（種子散布先で発芽・生長すること）できる環境が限られているわがままな半着生イチジクでは、種子がどれだけ大量に散布されようと、どれだけ発芽しようと、樹冠の水分を含む基質の上に散布されないと、種子散布は無効になる。つまり、半着生イチジクでは、質的要素、とくに散布環境がもっとも重要だ。

数年前までは、結実木で果実を消費した動物の観察といった量的要素単体の報告や、ある動物に散布された種子の生存率や散布距離などの質的要素のみの報告が主流であったが、近年は量的・質的要素の両方を調査し、ある動物の種子散布者としての有効性を総合的に評価する方法が流行りのようだ。軽々しく流行に乗るのは好きではないが、幸いにも、博士研究で朝・昼・夜なべして記録した半着生イチジクでの採食行動のデータを量的要素として利用できるので、徹夜の観察はマリアウでもう一本追加するだけだった。質的要素に関しては、ビントロング、テナガザル、オナガサイチョウを猛追した際に糞から得た種子、散布環境、採食木からの距離のデータを得ていたので、発芽率、散布環境、散布距離を推定できる。修士研究のときはひとつのデータを取るのに何か月もかかったが、ポスドクの研究では割とあっさりと、しかも複数のデータが取れてしまった。相変わらず身体はずたぼろになったが、精神面での負担が大幅に減った。経験によってコツを掴み、作業効率がよくなったのだろう。また、どんな状況に出くわしても驚きにくくなったことも影響するのだろう。流行に乗ることで、他の場所で行われた研究の他の種子散布動物と比較ができる、ということも私の重い腰を上げさせた理由の一つだ。量的・質的要素のデータがそろい、ビントロング、テナガザル、オナガサイチョウの三種で、半着生イチジクの種子散布者としての有効性を総合的に評価する準備が整った。

ビントロングは一日13万個の種を撒く?!

動物と同じく植物も、子孫を多く残した個体が成功者となる。果実を被食されて種子散布される植物にとって、一つでも多く種子を運んでくれる動物は、成功者になるための大きな手助けとなる。3章第4節「あっという間の7徹」で、ビントロングを含む果実食性シベットは、イチジクの結実木に長く滞在し、じっくりと時間をかけて食べる果実を選んでいることをお伝えした。滞在時間と採食スピードをかけ合わせると、採食した果実の数が推定できる。それにイチジクの果実一個の中に含まれている種子の平均数をかけ合わせると、ある動物が消化器官に取り入れた種子の合計数が推定できる。博士研究のときと、今回のマリアウで取ったデータから推定散布種子数を計算すると、一日に一本の半着生イチジクで、ビントロングは推定一三万個、テナガザルは三万個、オナガサイチョウは八〇〇〇個の種子を消化器官に取り込むことがわかった。一日あたりの個数でいうと、一本の結実木でビントロングは一〇六三個、テナガザルは三〇九個、オナガサイチョウは五八個のイチジクを食べたことになる。

ここで、日本で市販されている栽培品種のイチジク（*Ficus carica*）と比べて、皆さんにこれらの数字を感覚的に理解していただこうと思う。栽培品種のイチジク一個の重さは約六〇グラム、今回動物たちの採食を観察した野生種のイチジク一個の重さは約二グラムである。栽培品種のイチジクは雌雄異株の低木なので半着生型ではない。もちろん発芽条件はあるが、栽培品種のイチジクの種子は基本的に地面に散布されれば発芽・定着できる。つまり、半着生イチジクとは種子散布のされ方が違うので、当然種子の大きさや数、水分量なども異なる。単純に比較するのは安直だが、私の狙いはイメージしやすくすることだから安直でよいだろう。重さで計算すると、野生種のイチジク三〇個が栽培品種のイチジク一個に値する。単純計算にもとづくと、一か所で一日に、ビントロングは三五個、テナガザルは一〇個、オナガサイチョウは二個、皆さんに馴染みのある栽培品種のイチジクを食べたことになる。ちなみに、ビントロングの体重の四～八倍ある、ボルネオ島最大の樹上性動物オランウータンは、三八個だ。定額でイチジク食べ放題を掲げる飲食店にビントロングやオランウータンのような客が大量に押し寄せたら、間違いなく破産するだろう。

私たちがイチジクを一日三〇個以上食べろと言われても、ほとんどの人は食べきれない。食べたとしてもイチジクの整腸作用が働いて、ほぼ確実に数時間にわたってトイレを占拠することになる

ビントロングの爪跡

ビントロングの糞

やなるべく平らな枝まで登って、自信をもって罠を設置しよう。高い確率でビントロングを捕獲できる。枝づたいや爪痕がない場合は、結実しているイチジクに登ろう。登る前に、枯死していないこと、ハチの巣がないこと、樹冠に動物がいないこと、ロープを掛けた枝が折れないことの確認を忘れずに。樹冠にたどり着いたら、枝や木の股をくまなく確認する。においが弱い幅2センチ以上の新鮮な糞があれば、比較的平らな枝に罠を設置する(写真右)。そう簡単に捕獲できる動物ではないので、かなりの時間と労力、気力を必要とする。しかし、これらの作業に慣れると、ビントロングをはじめとした動物の動きを予測できるようになるので、熱帯雨林での楽しみが増えるのは間違いない。

Column 3

ビントロングの捕まえ方

垂直・水平方向ともに構造が複雑で広大な熱帯雨林で、いったいどうやってビントロングを捕獲するのか。6年以上にわたってビントロングの捕獲を試み続けた私が見つけ出した最適な答えは、結実しているイチジクとその周辺の痕跡を見つけることだった。

まず、午前7時までに森に入って耳を澄ます。「トゥットゥットゥットゥットゥットゥルrrrー」と繰り返すゴシキドリの鳴き声が聞こえたら、声の方向にひたすら進む。1.5キロメートルの範囲内に、結実しているイチジクがあるはずだ。少し高音の「トゥットゥットゥルrr」の繰り返しに騙されてはいけない。この鳴き声の主は、イチジク以外の結実木にいるときや結実木がなくても鳴くからだ。ゴシキドリが鳴き止む午前10時までにイチジクの結実木を特定できなければ、その日は捕獲を諦める。イチジクの結実木にたどり着いたら、果実の大きさと結実数、樹冠の大きさを確認する。樹冠が比較的大きく、直径2センチ以上の果実がたくさんなっていたら、次のステップ、ビントロングの痕跡を探す、に進める。

イチジクの樹冠を眺めて、樹上性動物が渡りそうな枝づたいを探そう。その枝でつながる木とつながる枝がなければ、絶好のチャンス。今度はその木の幹を見て、間隔が1センチ以上空いた爪痕を探す(写真左)。爪痕があれば、その木の付近の地面だろう。また、ビントロングやサイチョウが食べた野生の半着生イチジクは、栽培品種のイチジクのように水分が多くない。私の感覚では、砂糖水に三秒くらい浸された和紙を食べているような食感で、お世辞にもおいしいとは言えない。さらに、フィシンという粘性が高いタンパク質分解酵素が口や手につくので、不快度が最高潮に達する。半着生イチジクを食べていたオランウータンは、「オホェ、カホォッ」と、よく咳き込んでいた。和紙のような繊維質やフィシンが口腔内や喉についたのだろう。決しておいしい訳ではなく、食べにくいイチジクでも多くの動物が食べにやって来るのは、やはり他に食べられる食物が少ないからだと考えられる。オランウータン九頭が採食した半着生イチジクでは、ほとんどオランウータンがイチジクを食べつくしたと言っても過言ではない。イチジクが少なくなってくると、多くの動物はこの木を訪れなくなった。しかし、シベットだけは、ほぼすべてなくなるまで、足繁く通いつめた。オランウータンに怒って攻撃することもなく、さっさと別の採食場所に移動することもなく、なんと健気なのだろうか。さて、ビントロングが飽きもせずに同じ場所でいかに多くのイチジクを貪るのか、イメージしていただけただろうか。

ビントロングは結実木での滞在時間が長いので、当然結実木でも脱糞する。後に解説するが、親木やその周辺に散布された種子はほとんど生き残らないので、この場合種子散布は無効になる。しかし、ビントロングはテナガザルとオナガサイチョウと比べて圧倒的に多くの種子を取り込むので、親木から離れて別の場所に移動した後の脱糞は、有効な種子散布だ。しかし、後ほどくわしく述べるが、半着生イチジクの場合、いくらたくさん種子を散布しようが、どこに脱糞したのかによって運命が変わってくる。

動物に食べられることの利点

大食漢の動物でも、種子を噛み砕いたり、果実から取り出して結実木で捨てたりすると、結実個体にとってまったく迷惑なただの果肉泥棒となる。種子を飲み込んだり、くわえたりして別の環境に運ぶことで、結実個体の子孫を残す確率が上がる。動物の消化管を通って種子が散布される植物の多くは、種子の表面にコーティングがされている。動物の消化液に曝されることで、そのコーティングが溶けたり、物理的に傷が入ったりすることが発芽条件になっている種がある。また、果肉に発芽抑制物質が含まれていたり、果肉にカビなどが生えて種子が発芽できなかったりすることもある。こうした種では、動物が種子と果肉を物理的・化学的に離し、種子を破壊せずその動物の消化管を通過させることによって、果肉に入ったままの状態の種子よりも、発芽率が上昇する。イチジクの種子は数ミリ程度なので、一部のネズミやハトは種子を破壊するが、ほとんどの動物は非破壊で種子を消化管内に取り込む。また、オランウータンやカニクイザルなどの器用な動物は、舌や指を使ってイチジクの種子をまとめて取り出すことがあるが、必ず一定数の種子は消化管内に入り込む。

イチジクでも、動物に食べられることが発芽に有利になるのかを調べるために、採食した後のビントロングとオナガサイイチョウの糞から種子を回収し、一〇〇個植えた。比較対照として、糞を回収した個体が直前まで採食していたイチジクの木になっていた果実から取った種子を一〇〇個、同じ条件で植えた。この二種は食べたものがほとんど消化されずそのまま糞として出てきたので、種子の由来であろう木の特定が容易だった。しかし、テナガザルの糞には複数の種の種子が混ざっており、テナガザルを一日追跡してすべての採食場所と採食物を記録しない限り、親木を特定するのは不可能だった。そこで、ボルネオ島で行われたテナガザルの先行研究のデータを参考にした[14]。その結果、ビントロングとテナガザルの消化管を通過した半着生イチジクの種子は、果実から取った種子よりも発芽率が高かった（表1）。一方で、オナガサイチョウは発芽率が低かった。ただ、三種の腸管を通過した種子のほとんどすべてに発芽能力があることから、イチジクにとって動物に種子を食べられることで不利益を被ることは、基本的にないと考えられる。しかし、しつこく述べているように、半着生イチジクの種子は発芽率云々よりも、種子が散布された環境の方が重要である。私がえらそうにそう述べる根拠を説明しよう。

ただでさえビントロングやテナガザル、サイチョウを追いかけるのが大変なのに、糞を回収するのは木に登ったり駆けまわったりと、もっと難しかった。だから、手に入るデータはすべて取りつくせとばかりに、糞が見つかった場合は調査対象の半着生イチジクだけでなく、つる性のイチジクの果実を食べたビントロングとオナガサイチョウが散布した種子も回収し、発芽率を調べていた。半着生イチジクの種子は、動物の消化管を通過したからといって発芽が早まる傾向はなく、ビントロングやオナガサイチョウに食べられなくても必ず発芽する種子が一定数あった。しかし、つる性の

表1　糞から採取したイチジクの種子の発芽率と発芽までの日数

対象種	イチジクの種	生育型	発芽率(%)		効果	発芽までの日数	
			糞から	果実から		糞から	果実から
	カタバナガアカグロ1	半着生	70	47	＋	5	6
	カタバナガアカグロ2	半着生	43	15	＋	—	—
	オオアカダマヅル	つる	53	2	＋	4	17
ビントロング	コフデガキモドキ	半着生	19	30	有意差なし	3	5
	*Ficus crassiramea*	半着生	0	0.3	有意差なし	—	—
	ヨワジクセキカツカン	半着生	22	0	＋	1	—
テナガザル	*Ficus sinuata*	つる	93	17	＋	5	13
(*Hylobates muelleri* × *agilis*)	*Ficus sumatrana*	半着生	47	0	＋	3	—
[14] より	コフデガキモドキ	半着生	43	11	＋	4	4
	シダレガジュマル	半着生	11	46	−	8	10
オナガサイチョウ	オチョボコマバヅル	つる	14	2	＋	9	21

効果：各動物の腸管を通過して発芽率が上昇した場合は＋、低下した場合は−で表した。

イチジクの種子は、動物の消化管を通過した場合は発芽が明らかに早くなり、発芽率も、そうでない種子と比べてはるかに高かった（表1）。この結果は何を意味するのだろうか。

つる性イチジクは、地面で発芽して上方向に生長する。そのため、散布されたらいち早く発芽し光を得て、大きくなった個体が生存に有利だ。一方で半着生イチジクは、樹冠で水分が確保できる環境に散布されない限り、いくら早く発芽してもけっきよくは無駄になる。だから、動物の消化管を通過する恩恵が発芽促進である必要がない。つまり、半着生イチジクの種子は、動物に食べてもらうこと自体よりも、生存に適した環境に運んでもらうことが何よりも重要なのだ。

半着生イチジクの運命を決定する散布環境

動物によって新たな環境に運ばれた種子たちは、皆幸せに暮らしましたとさ、というわけにはいかない。これから生長して、子孫を残すまでにさまざまな試練が待ち受けている。とくに半着生イチジクは、たった〇・〇一パーセントの選ばれし種子だけが、親木を離れて好適な環境に散布される。[5]そして、そのなかからさらに幸運な一・三パーセントだけが、一年以上生き延びる。[6]つまり、一回に一〇〇〇万個の種子が生産されたとしても、一年後に実生として残るのは、たったの一三個体だ。そのなかから、生長して無事次世代を残すことができるものは、さらに少ないだろう。では、これから待ち受ける過酷な運命を知ってか知らでか、無事動物の消化管を通過し、肛門から排出されるのを待つ半着生イチジクの種子たちの行方を見ていこう。ビントロング、テナガザル、オナガサイチョウを追いかけた際に、糞が最終的にたどり着いた微環境を記録した。また、半着生イチジクの実生を探して、定着している微環境も同様に記録した。その結果、糞がたどりついた環境は、着生植物の中心にある根部、枝の上、木の股、葉の上、地面（林床）の五つの微環境に分類できた。それぞれの環境でビントロング、テナガザル、オナガサイチョウの糞を発見した頻度を算出し、それを半着生イチジクの実生が定着していた微環境と比較した。

結果は明白だった（図14）。ビントロングは、実生が定着した環境と非常によく似た場所に脱糞したのだ。一方で、テナガザルとオナガサイチョウの糞がそうした環境にたどり着く確率は低かった。三種は樹上で排泄をした。しかし、ビントロングは他の二種とは格が違った。ビントロングは、狙った場所に糞をこすりつけたり、置くように脱糞する習性があるようだ。そして彼らが狙ったその場所が、半着生イチジクの定着に非常に都合の良い場所だった。乾燥した樹冠部でも、水分を含む基質がある場所だったのだ。一方で、テナガザルとオナガサイチョウはそうした行動をせず、ただ重力に従って糞は下に落ちていった。これは完全に私の推測だが、恐らくビントロングは自分の存在を他個体に知らしめるなど、糞を使ってコミュニケーションをしているのだろう。これはシベットを含め食肉目ではふつうに見られる行動で、樹上で糞を置きやすい環境は、偶然にも半着生イチジク

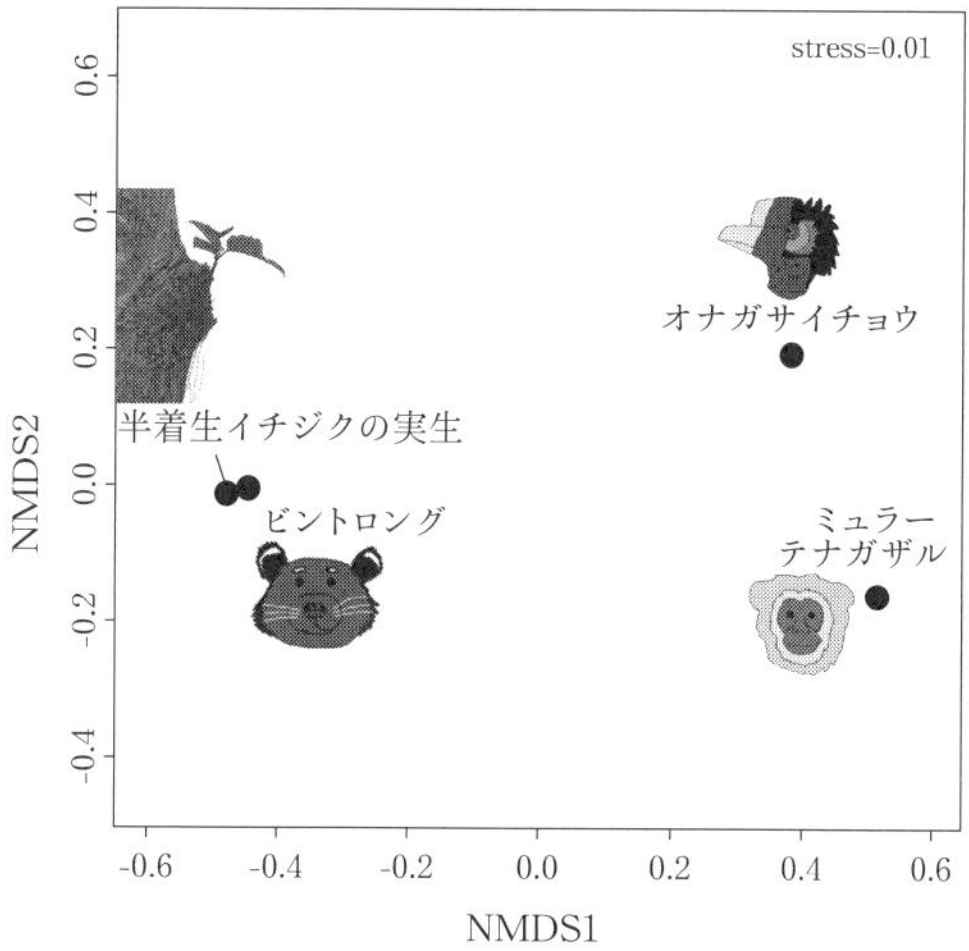

図14　糞がたどりついた微環境と半着生イチジクの実生が育っていた微環境の類似度

非計量多次元尺度法（NMDS）による二次元配置図。半着生イチジクの実生の点との距離が近いほど、似ている微環境に各動物が散布したことを表す。

にとって定着しやすい環境だったのだろう。ビントロングは食物をイチジクに強く依存しており、結果的に自ら食物を育てていることになるが、半着生イチジクを育てるためにそうした環境に糞をするのではけっしてないと考えられる。しかし、もし半着生イチジクの気持ちを代弁するならば、三種のうち、とくにビントロングは発芽に好都合な場所に脱糞してくれるいい奴だ、となるだろう。

距離より場所

種子散布と聞くと、種子が親木から遠く離れた場所に運ばれて、そこで根付く現象、とイメージされるかもしれない。しかし、動物の糞に混じって外界に出て、最初に目にした光景は親木だった、という種子はけっして少なくない。正直に言うと、私は種子がどれほど遠くに運ばれたかを示す指標の、散布距離に興味がない。一般に、散布された種子や実生の死亡率は、親木周辺でもっとも高く、親木から離れるにつれて下がる。その理由として、親木周辺には捕食者や菌類が多いからや、親木の直下では発芽・生長するための光量が不十分だから、などと言われている。また、遺伝的多様性の維持や、病気や災害が起きた際の共倒れを防ぐ観点など、親木から物理的に距離をとることは、自分で動くことができない植物にとって有利だとはわかっている。しかし、ある動物が種子を親木から何メートル離れた場所に運んだという情報も、けっきょくその種子が死んでしまっては無意味になる。距離自体よりも、死亡率が高い親木周辺から種子を引き離したという事象の方が、植物にとって重大だと思う。それに、半着生イチジクのように特殊な環境で定着する植物種にとっては、散布距離よりも散布環境の方が重要だ。しかし、イチジクの種子がどのくらいの距離運ばれたのか、という情報を学会発表でほぼ毎回質問されたので、推定することにした。

種子散布距離は、ある場所から動物が一時間後に移動した分の距離のデータと、その動物の消化管を種子が通過して糞に出るまでにかかる体内滞留時間を組み合わせて推定することができる。ビントロングとテナガザルは直接追跡したときのデータが使えるが、オナガサイチョウに関しては、多くが結実木以外から飛び立った際に追跡を開始したので、四回分しか正確な散布距離のデータがなかった。追跡が困難なビントロングやオナガサイチョウなどの動物は追跡成功数が少ないので、データの統計処理ができないなどの問題がどうしても生じてしまう。そこで、再び先行研究の恩恵に与り、オナガサイチョウと体サイズが似た、タイに生息するオオサイチョウに発信機を装着して得られた、一時間ごとの移動距離のデータを使用させていただくことにした[15]。ありがとう、著者のP・プーンスワッドさんと辻さん、そして、Google先生。体内滞留時間については、一般に対象動物の飼育個体の餌に種子を混ぜて与え、糞に出るまでの時間を計測する。そのためには動物園などに赴き、作業内容や研究の意義などを伝え、協力していただく必要がある。移動データと異なり、体内滞留時間は飼育個体でも測定できるので、オナガサイチョウの飼育個体がいれば国内でもほぼ確実にデータが取れる。しかし、私にとっては野生個体を追いかける方がずっと楽だった。初対面の動物園関係者の方に向かって、実験を行いたいと話すことがどうしてもできなかった。森の中では自在に動くくせに、情けないことに他人と関わることになると、体がピクリともしなかった。何とも

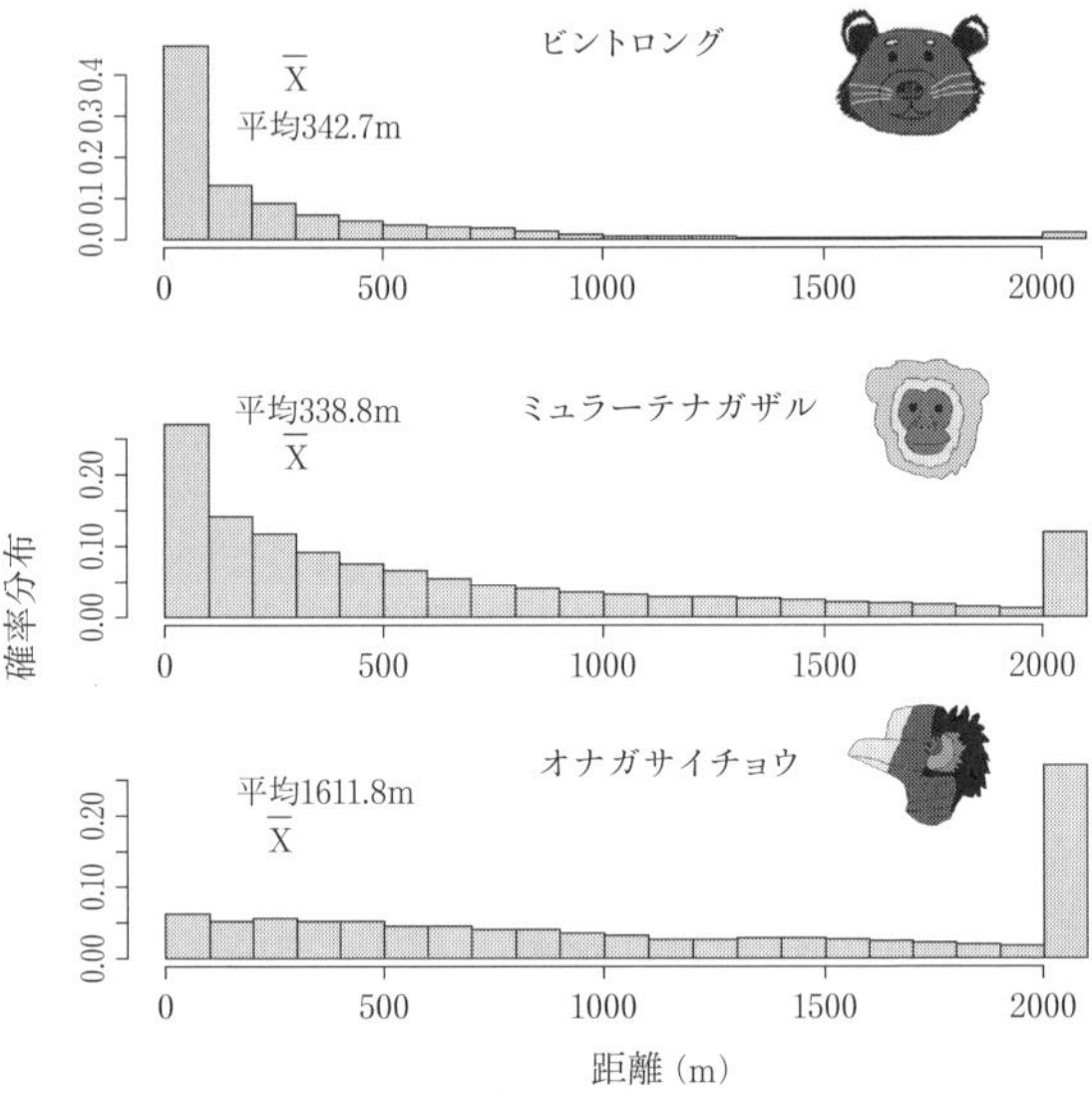

図15　種子散布距離の推定値

テナガザルに関しては文献値とほぼ同じ（平均339〜439m[16]）。オナガサイチョウも体サイズが似たサイチョウ類と比較すると、ありえなくはない値だ（非営巣期のオオサイチョウの平均254m、非営巣期のシワコブサイチョウの平均1354m[17]）。

わがままな体だ。仕方ないので、また文献のお世話になることにした。文献[16]からは平均値と分散の情報が得られたので、体内滞留時間を統計モデルによって推定した。また、私が追跡した分だけではテナガザルの移動距離に関するデータは足りなかったので、ダナンバレーでテナガザルを研究されていた井上陽一さんにデータを分けていただいた。体内滞留時間は文献[14]の情報を使った。

　こうして得られた距離データと体内滞留時間の組み合わせをもとにして、種子散布距離の分布を推定した。動物の温かみがない結果になってしまったが、散布距離の平均はビントロングとテナガザルがほぼ同じで、オナガサイチョウがもっとも長かった（図15）。親木から一〇メートル以内、つまりほぼ種子が死亡してしまう距離に散布する可能性があるのはビントロングのみで、テナガザルとオナガサイチョウは確実に親木から種子を離してくれる。散布距離に関しては、三種のなかで唯一ビントロングは親木の近くに散布する可能性がある劣等生となった。しかし、親木の近くに種子が散布されることもあるが、ビントロングもテナガザルもオナガサイチョウも、親木から一〇メートル以上離れた場所に散布する可能性が五〇パーセント以上ある限り、三種に対する半着生イチジクの評価は同じ、「みんないい奴」なのだろう。

5 巷で流行りの総合的な有効性

ビントロングは引っ張りだこ

ようやく量的・質的要素の両方を考慮した、今流行りの総合的な有効性を三種で比較するときがきた。ここまで丁寧に読んでくださった読者の耳には何匹ものタコが耳にくっついている（正しい語義は皮膚にできる胼胝）と思うが、さらにタコを投入する。厳しい発芽・定着条件をもつ半着生イチジクにとってもっとも大事なのは、散布された種子の数や発芽率、散布された距離などよりも、種子がどこに散布されたのかなのだ。そこで、ビントロング、テナガザル、オナガサイチョウの糞が最終的にたどり着いた微環境ごとに質的・量的要素の値を算出した。量的要素は推定散布種子数、質的要素は一年後の実生の生存率である。生存率を調べるために、三種の糞が樹上に留まった場合、糞の前に六時間おきに自動的に撮影をするタイムラプスカメラを設置していたのだが、実生が全滅したり、ロープを引っかけるための枝が折れたり、木自体が倒れたりで、けっきょく生存率のデータは取れなかった。そこで、ここでも先行研究の力を借りた。一九九〇年代にボルネオ島インドネシア側の熱帯雨林で木に登り、半着生イチジクの種子を植えたプランターを置いた人物がいたのだ。その人、T・レイマンさんがプランターを置いた環境には、今回三種の糞が行きついた環境すべてが含まれていた[6]。質的要素は、それぞれの微環境で糞を発見した頻度に、レイマンさんのデータの各微環境での種子の一年後の生存率を掛け合わせた値を、一年後の実生の生存率とした。

その結果、ビントロングが木の股に脱糞した場合が、量質ともに最大の値を示した（図16）。つまり、三種の中ではビントロングがもっとも優秀な半着生イチジクの種子散布者だ。しかし、ビントロングが地面に種子を散布すると、テナガザルとオナガサイチョウと同程度の値になった。逆に、三種の中ではもっとも少ない量の種子を運ぶオナガサイチョウは、糞が枝に引っかかった場合は、ビントロングほどではないが、優良な種子散布者となる。さて、耳タコの親分の登場だ。この研究によって、半着生イチジクの種子散布者は、いくら大量に種子を散布しようが、けっきょくは種子が散布された場所が、有効か無効かどちらの道に進むかを決める分岐点になることが、ついに証明さ

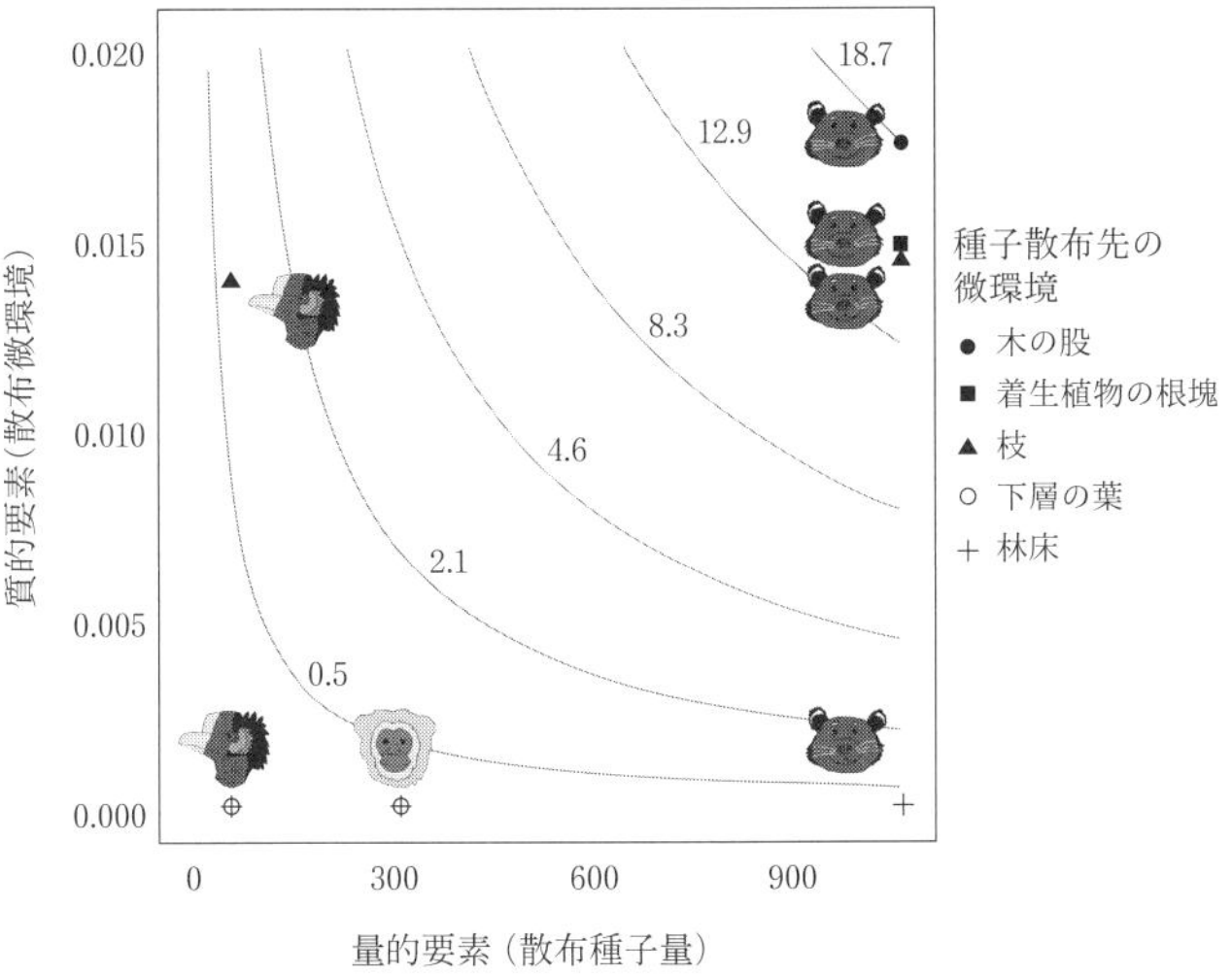

図16　半着生イチジクの種子散布者としての総合的な有効性

ビントロング、テナガザル、オナガサイチョウの半着生イチジクの種子散布者としての総合的な有効性。曲線は同じ値の点の集まりでできており、2つの線の間の点は等価で、右上に行くほど有効性が高い。

れた。半着生イチジクの種子は、下手な鉄砲を数打っても的に当たる確率は極めて低いのだ。2章第1節「万全を期して調査地へ入る」でも触れたように、ボルネオ島の熱帯雨林の木々は世界一高く、階層構造が発達している。そんな環境では闇雲に種子をばらまいてもほとんどの種子は虚しく死ぬ。ビントロングのように、確実に発芽・生長に適した環境に種子を運んでくれるありがたい動物は、半着生イチジクから引っ張りダコだろう。

この研究を受け、ボルネオ島のテナガザルやサイチョウは緊急会議を開いているかもしれない。「もしかして、私たちやばい？」なぜならば、彼らは長きにわたって東南アジアでもっとも重要な種子散布者、という不動の地位と栄誉を得ているからだ。確かに、半着生イチジク以外のイチジクを含めた、大半の植物の種子は地面で発芽する。したがって、とくに大型種子をつける植物にとって、大型種子でも飲み込んで散布できる彼らはありがたい散布者であることは間違いない。しかし、宿主の樹冠という樹上の特定の環境で発芽する半着生イチジクにとって、熟したリンゴのように重力に任せて樹上から地面に落ちていく彼らの糞は、種子散布の何の役にも立たない。もちろん、完全な地上性動物よりは定着できる環境に糞が行きつく可能性ははるかに高いが、とくにテナガザルでは非常に稀である。テナガザルよ、よく聞くがよい。君たちは樹上性でありながら、熱帯雨林生態系のかなめ石の半着生イチジクの種子を適した環境に散布していないのだ。これからは、イチジクの木で寝たり採食したりしているビントロングを殴ってはいけない。そして、私が君たちを追跡しようとしても、枝やうんこを落としてきたり、おとり作戦を使ったりするのはやめていただきたい。

大型種子散布者の役割

ここまでで、ビントロング、オナガサイチョウ、テナガザルの中ではビントロングがもっとも優秀な半着生イチジクの種子散布者であることを書いたが、ボルネオ島にはビントロング以外にも優秀な種子散布者がたくさんいる。樹上性のアリは、動物の糞からイチジクの種子を別の環境に運び出す二次散布者として知られている。また、イチジクを食べた小型の鳥類が、木や枝の股や樹洞などで休息したときに脱糞した場合も有効な種子散布となる。また、オナガサイチョウはビントロングと比べると劣るが、糞が樹上の発芽に適した微環境に落ちた場合もまたしかりだ。しかし、ビントロングはこうした他の有効な種子散布者よりも優れた点がある。それは、ビントロングが大きいことだ。それがどうした、と思われるかもしれないが、体が大きいと大きなイチジクも種子ごと食べる。イチジクの種子は、果実の中心部に集まっている。私の観察では、小型鳥類やオオコウモリなどは、果肉(花序軸)だけをかじったりついばんだりして、多くの場合肝心の種子には手をつけず飛び去った。オオコウモリは果実ごと持ち去って移動先で食べることがあるが、果汁を搾り取り、残った種子や繊維質はペレットにして吐き出す。ペレットが樹上の発芽に適した微環境にたどり着けば半着生イチジクの種子散布は有効になるが、多くの場合地面や下層にある木々の葉に落ちる。一方で、ビントロングやオナガサイチョウは直径三センチ程度のイチジクならば丸ごと食べるので、種子はほぼ確実に消化管を通過する。直径三センチ以上の大型の果実をつける半着生イチジクは、ビントロングやオナガサイチョウだけではなく、小型動物を含め非常に多様な動物の食物である。しかし、大型果実をつける半着生イチジクの種子散布ができる動物は、ごく一部だ。

インドネシアのクラカタウという火山群島で、一八八三年に大噴火がおこった後約一〇〇年後の一九九二年までの、イチジクの種の増え方を記録した文献がある。[18] クラカタウはもっとも近い陸地のジャワ島やスマトラ島からでも三〇キロメートル以上離れた離島である。大噴火の後クラカタウの動植物相は基本的にすべて死に絶えた。つまり、噴火後にイチジクの種子を運んで来ることがで

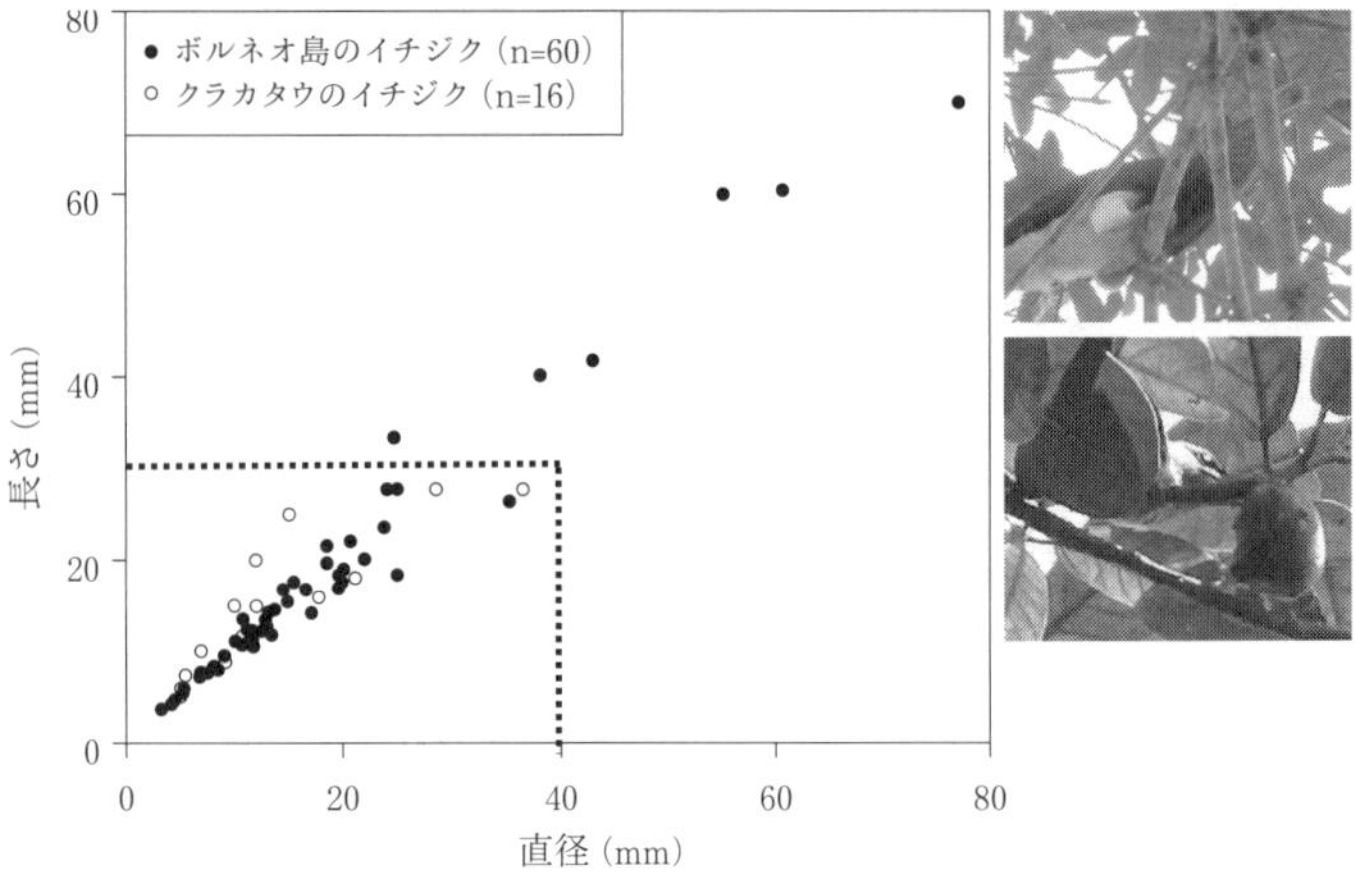

中林 未発表データ、文献［8］を改編

図17　ボルネオ島とクラカタウに生息するイチジク果実のサイズの比較

右写真は、同じイチジク（ケブカパサツキ *Ficus cucurbitina*）になる果実をほぼすべて飲み込んだオナガサイチョウ（上）とついばんだチャイロゴシキドリ（下）。

きるのは、長距離を移動できる飛翔性の鳥類やオオコウモリだけだ。スマトラ島にもオナガサイチョウは生息しているし、他の大型サイチョウの一日の最長飛距離は五〜二五キロメートルなので、クラカタウに到達できないことはないが、稀なのだろう。クラカタウで確認されたイチジク種と私のこれまでの調査地で確認したイチジク種の果実の直径と長径を比較した。すると、クラカタウでは直径約四センチ、長さ三センチをこえる種はなかった（図17）。一方、ボルネオ島の私の調査地では、直径長径ともに七センチをこえる種が生息する。この文献のおかげで、一部の鳥類やオオコウモリでは大型果実をつけるイチジクの種子を散布する可能性が極めて低いこと、そして、ビントロングやオナガサイチョウなど大型の半着生イチジクの種子散布者が、大型果実をつける半着生イチジクの種子散布に貢献していることがわかった。

残念なことに、大型動物は密猟の対象になりやすく、また人為的攪乱に脆弱な傾向がある。ビントロングもオナガサイチョウも絶滅の危機に瀕している。大型果実をつける半着生イチジクの種子散布者がいなくなると、長期的にはそうしたイチジクも局所的に絶滅する可能性がある。すると森林に住んでいる動物たちは重要な食物を失うことになり、連鎖的に動物の個体数の減少や絶滅、さらには局所的な生態系の崩壊のきっかけになるかもしれない。現在私は、ゾウやクマ、ビントロングなどの大型動物が局所的に絶滅した森林と、そうした動物が生息する健全な森林とで、直径三センチ以上の大型種子をつける植物と直径三センチ以上の大型果実をつけるイチジクの種多様性と密度を比較する研究をおこなっている。まだ論文として発表していないので詳細はお伝えできないが、大型動物を失った森林ではそのどちらの植物の種多様性、密度ともに健全な森林よりも低いことがわかっている。つまり、残念ながらサバ州の森林でも種子散布、そして生態系の崩壊が始まっている。もう手遅れかもしれないし、何でもかんでも保全に結びつけるのは個人的に好きではないが、ビントロングやオナガサイチョウの保全はもちろん、密猟や熱帯雨林を含む森林生態系に対する意識の改善が必要だと強く感じる。

6 ここまでわかったビントロングの生態

異端児ビントロングとイチジク

二〇一〇年にボルネオ島で調査を開始してから、およそ一〇年の歳月が流れた。当初の私は、シベット四種から始まり、パームシベット、ビントロング、そしてイチジクに行きつくとはまったく予想していなかった。今後私の興味がどこに向かうのかまったく予想できない。今から一〇年後には、今の私の興味の根底にある「多様性」も別のものになっているかもしれない。そうなる前に、これまでの研究によって明らかになったビントロングの生態について、ここに書き記しておく。

ビントロングはジャコウネコ科の樹上性の種の中で最大である。また、世界最大の夜行性果実食者でもある。世界最大ということが、ビントロングの採食生態に大きく関与している。ビントロングは、形態学、生理学分野の研究者たちを悩ませ、一体こいつは何者なのだ、と言わしめてきた異端児である。一番初めは、一九〇五年にビントロングの死体を解剖したP・C・ミッチェルさんだろう。「腸が極端に短くて単純だし、もう盲腸が退化している！」と思ったに違いない。一九九五年に基礎代謝を調べたB・K・マクナブさんはきっと、「なんでこんなに基礎代謝が低いの？　君たち変温動物なの？」と思っただろう。二〇〇三年に歯の形態を詳細に調べたT・E・ポポウィクスさんは、「体は大きいのに歯がとんでもなく小さい！　硬いものを噛む気がないの?」と、二〇一四年に腸内発酵を調査したJ・E・ランバートさんは、「腸内細菌の種数が少ないし、食べ物をほとんど消化できてない！　毎日下痢してるの?」と思っただろう。そして、二〇一八年にビントロングの生態調査を終えた私は、「どんだけイチジクにこだわるの。ちゃんとお肉食べて、適度に運動しよるの?」と思った。

これまで、野生のビントロングの詳細な生態がほとんどわかっていなかったため、先行研究[19][20][21][22]で提示された謎は未解決のままだった。しかし、ようやくその答え合わせができるときがきた。これまでに、三頭のビントロングに首輪型発信機を装着して追跡をした。この三頭の追跡で特定できた採食場所（四〇か所）の八七・五パーセント（三五か所）がイチジクの結実木だった。発信機を装着していない少なくとも一〇個体計二六か所の採食場所を含めると、八七・九パーセントがイチジクの結実木だ（図18）。ビントロングは食物をイチジクの果実に強く依存していることがわかる。イチジク以外にも、液果や堅果を採食することもある。イチジクの特徴として、4章第1節「スーパーヒーロー・イチジク」で季節性がないことはすでにお伝えしたが、もう一つ動物の食物として重要な特徴がある。それは、一個体あたりの結実量が多いことだ[2]。とくに半着生イチジクは、太陽光を得やすい宿主の樹冠で定着した後一気に生長する。そうして宿主の樹冠よりもはるかに大きくなった樹冠に、おびただしい量の果実を生成するからだ。

ビントロングがイチジクに依存する理由の一つとして、私はこう考えている。ビントロングは夜

図18　特定できたビントロングの採食物の割合

行性果実食者のなかでもっとも体サイズが大きい。また、イチジクや他の果実をうまく消化・吸収できない。したがって、生存に必要なエネルギーや栄養を得るためには大量に食物を摂取する必要がある。ビントロングは代謝を極端に低くしてエネルギーの消費を抑え、森のどこかで必ず結実している個体があり、しかも一度に大量に果実が手に入るイチジクに依存する戦略を取った、という仮説である。ビントロングがイチジクに強く依存している根拠として、連続追跡の結果がある。発信機を装着したビントロング三頭が採食場所から次の採食場所に移動するまでを追跡した結果、すべてイチジクの結実木間を移動していた。[23]また、次の結実木まで無駄な動きをすることなくまっすぐ向かっていた。最大七日連続で採食場所を特定できたプンティは、三か所のイチジクの結実木を交互に移動していた。また、連続ではないが一五日間にわたってプンティを追跡した結果、四か所のイチジクの木を移動していた。そのなかには、終実後のイチジクの木が含まれていた。これらの結果から、ビントロングはイチジクの結実時期と場所を記憶していることが示唆される。もし、イチジクの果実のにおいなどを手がかりに場所を特定していたら、終実したイチジクの木を訪問することはないからだ。

ビントロングはイチジクを求めて移動するが、驚くほど移動しない場合もある。私が調査したビントロングの行動圏（メス三頭の平均一・五平方キロメートル）は、タイのもの（メス一頭六・九平方キロメートル、オス一頭二一・四平方キロメートル[24]、オス五頭の平均六・二平方キロメートル[25]）よりもはるかに小さかった。生息環境や性別の違いも関係しているだろうが、一日の移動距離も、ボルネオ島の三頭（メス三頭の平均二二八メートル）はタイのものよりも短かった（オス五頭の平均六八八メートル[25]）。パスイの追跡の場面（3章第7節「雲の上に手が届いた」）でも少しお伝えしたが、一本の採食木に長期間滞在し続けたことは三個体に共通していた。マリアウのマヌックは、ウルシ科のコマホソバウメノミモドキ（*Koordersiodendron pinnatum*）という直径一〇センチもある大きな果実をつけた木に六日間、プンティはオオアカダマヅル（*Ficus punctata*）という直径八センチの世界最大のつる性のイチジクになんと二週間も連続で滞在した。ダナンバレーのパスイを追跡中に、あまりにも動かないので発信機が脱落したと思ったときに採食したコフデガキモドキ（*Ficus stupenda*）は、ボルネオ島で最大の果実（直径五・五センチ）をつける半着生イチジクだった（126ページ写真）。小さい果実を大量につけるイチジクの種も存在するが、これまでにビントロングが二日以上連続で滞在したのはすべて大きな果実をつけ、結実量も多い木だった。一個あたりの重量が大きい果実を大量に得られる採食場所では長期間滞在し、別の木への移動に使用するエネルギーを節約しているようだ。

この章の第1節で、ほとんどの動物にとってイチジクは、選好する食物が手に入らないときに食べるフォールバックフード（救荒食物）であると書いたが、ビントロングはイチジクを主食にしている。興味深いことに、ビントロングは世界最大のつる性イチジク、オオアカダマヅルをフォールバックフードにしている可能性がある。プンティの追跡中に、これまで採食していたイチジクが終実すると、特定のオオアカダマヅルに移動して採食したことがあった。しかも、少なくとも四か所のオオアカダマヅルを利用していた。しかし、まだオオアカダマヅルのつるにたくさん熟した状態の果実が実っているのに、別の種のイチジクが実ると何の未練もないかのようにそちらに移動して、そのイチジクの果実がなくなるまで採食した。三頭のビントロングの追跡にもとづくと、オオアカダマヅル以外では、果実がたくさん実っている状態のイチジクを立ち去ることが一回あったが、その他はすべて、果実がなくなるまで採食を続けた。見捨てられたその一例のイチジクにビントロングが戻ることはなかった。おそらく、捕食リスクやこのイチジクの果実は栄養価が極端に低いなどの理由があったのだろう。一方でオオアカダマヅルには、立ち去った後に移動先のイチジクが終実すると戻ってきた。そして、また別のイチジクが実ると立ち去った。このことから、追跡したビント

［イ］熟したオオアカダマヅル（*Ficus punctata*）の果実（果嚢）。直径10㎝ある世界一大きなイチジクの果実。［ロ］オオアカダマヅルの果実の成長過程〈動画URL〉https://youtu.be/7s6o8Ts5n5A［ハ］鈴なりになったオオアカダマヅルの果実。

結実中のオオアカダマヅルのつるが巻き付いたフタバガキの木の枝で寝るビントロング（撮影：Marty Marianus）。

ロングはオオアカダマヅルを優先的に採食しなかったことがわかる。つるに実っている状態のオオアカダマヅルを食べる動物は、オランウータンやテナガザル、シベット、サイチョウなどほとんどが大きな動物で、ゴシキドリやルリコノハドリなどイチジクに強く依存する小さな鳥は基本的に食べない。果実を食べる動物が少ないので、一か月以上同じ果実がなっていることもある。また、大きな果実をつけるのに結実周期は短く、果実がすべてなくなってから三か月でまた桃のように大きな果実をつける。利用者が少ない自動販売機だが、商品が売り切れになってから補充されるまでにかかる時間がとても短いのだ。さらに、商品一個が大きいので満腹感を得られる。ビントロングにとってオオアカダマヅルは優れたフォールバックフードなのだろう。

謎の答え合わせ

本章第5節で紹介したように、ビントロングは半着生性のイチジクにとって非常にありがたい種子散布者である。一方で、オオアカダマヅルのようにつる性や低木、高木性のイチジクは地面で発芽するので、ビントロングはけっしてありがたい存在ではない。私が確認した限り、ビントロングが採食したイチジクの七〇パーセント以上が半着生イチジクだった。すべてのイチジクや食物となる植物にとってではないが、ビントロングは半着生イチジクの種子にとって発芽・生長に好適な環境に排泄する習性を持つ。ビントロングが半着生イチジクを育てるためにこの習性を持つようになったとは考えにくいが、結果的に自ら食物を育てているのだ。この習性は、近縁種のパームシベットとは正反対だ。パームシベットは、地面の光環境がよい場所に排泄する習性を持つので、結果的にパイオニア植物を自ら育てている。[26] 不器用なシベットたちでも、このように熱帯雨林の生態系の維持に貢献している。ビントロングはイチジクを主食にする道を選び、今日も熱帯雨林を生きている。

ではここまでの話をまとめ、数々の研究者を驚倒させたアジアが誇る異端児ビントロングの正体を暴いていこう。この節の冒頭でご紹介した、短い腸、退化した盲腸、極端に低い基礎代謝、歯が小さいこと、多糖類の腸内発酵が行われないこと、これらすべてがビントロングのイチジク食に関連している。まず、イチジクの特徴を挙げていく。熟果の場合おもな栄養分は単糖である。そのため、消化に複雑な処理を要しない。また、イチジクの木は、一年に一回や半年に一回など、ある程度決まった期間ごとに果実をつけるが、果実をつける時期は木によって異なる。そして、一度に多くの果実をつける。つまり、イチジクを主食とする限り、長く複雑な形をした腸も、腸内発酵をするための盲腸も必要ではない。また、熟したイチジクを口腔内で処理するのに、大きく鋭い歯も強い咬合力も要らない。イチジクは動き回らないので代謝を高くする必要もない。そして、結実木に大量にあるので、個々の木が結実する時期とその位置を記憶していれば、低代謝でもやっていける。つまり、ビントロングはイチジク食に限りなく最適化した動物なのだ。退化とも思える形質が多いので、随分と思い切ったことをしたものだと思うが、無駄を省き、典型的な食肉目や他のシベットとはまったく異なる道を歩む決断をしたのだ。動物界の人気物は共通して、かわいい顔、モフモフ、不思議、動きがゆっくり、などの素質をもつ。ビントロングは、成獣こそゴワゴワの黒い剛毛で野暮ったく見えるが、幼獣は真っ黒いモフモフだ。また、低代謝なので基本的に動きは遅く、何よりも不思議な生態を持っている。動物界の人気者の素質をすべて兼ね備えた不滅不動のアイドル、パンダの対抗馬として、ビントロングはメラメラと闘志を燃やしている。シベット党代表として、ぜひとも白と黒派を真っ黒に染めてほしいものだ。

ビントロングの飼育個体や死体、骨を用いた研究、そして野生個体を追跡する研究の双方が存在してはじめて、これまで闇の中にあったビントロングの真っ黒な後ろ姿が、色鮮やかに浮かび上がった。この節でご紹介したビントロングの生態の解説には私の推測も含まれており、まだ全体像を捉えたわけではない。だが、生態がすべて明らかになっている動物などいないのではないだろうか。謎があるからこそ、人間はその謎を解こうとする。そこからまた新たな謎が現れる。私はここで、終わりなき挑戦に休暇届を提出しようと思う。私の興味が巡り巡って、またビントロングに戻ってくる日まで。

5章

中途半端の強み

1 食性を暴く

約束の動物博士

これまでの私の原動力は間違いなく、夢の中で祖母と交わした「動物博士になる」という約束だった。学生時代は、博士号を取得する、という明確な目標があった。しかし、博士号を取得した今、私は動物博士になった、とは到底思えない。動物博士という志を抱いた際、私は動物の研究者になったら動物博士になると思っていた。しかし、私がおこなった動物の研究は、ある動物のごく一部の項目を深く掘り下げていくものだった。私はシベットの採食生態博士とは自称できるが、シベット博士、ましてや動物博士と名乗るには、明らかに知識不足だ。ここで努力をしてあらゆる動物に関する知識を身につけた人物こそが、晴れて動物博士という称号を手にすることができるのだろう。もし、世間一般が思う動物博士というものがそのような人物を指すのならば、私には動物博士と名乗る資格はない。しかし、たとえ一種でも、ある動物について全力で精魂を傾け生態を探り、自らの手で新しい知見をもたらした人物を動物博士と呼ぶことを許していただけるのならば、私は辛うじて動物博士になったと言ってよいだろうか。この「牽強付会」を聞いた祖母の呆れた笑みが目に浮かぶ。

動物の研究者、そして僭越ながら動物博士の端くれになった今思うと、どんな動物に対しても好奇心で満ち溢れていた子供の頃の私こそ、立派な動物博士であった。しかし今は、その好奇心が向かう先は動物だけではない。植物、森林、民族、音楽、言語など枚挙に暇がない。目指すものが動物博士だけではなくなったのだ。祖母が亡くなってからちょうど一〇年後、私は久しぶりに祖母の夢を見た。上半身しか見えなかったが、祖母は、この世に存在するどんな色にも該当しない、それは美しい黄金の光を放っていた。一〇年前の夢とは違い、私は祖母に触れることはおろか、声をかけることさえできなかった。ただただその美しさに見とれ、佇立するだけだった。祖母の顔には生前なかった深い皺がいくつも刻まれていた。その漆黒の澄んだ瞳孔に私が映ることはなく、前を見つめていた。この夢を見たときから、祖母が身近なおばあちゃんから、遠く手が届かない存在になったことを、やっと悟った。このとき学位を取得する半年前だったが、祖母が身をもって教え私に遺してくれたものと、祖母の優しい笑顔を胸に、これから生きるためには新たな志が必要であることも同時に感じた。だが、シベットの研究を始めるきっかけとなった、「どうしてたくさんの種のシベットが共存できるのだろうか」という謎を解明するのに、あらゆる手段を講じたわけではなかった。まだやるべきこと、できることが残っていた。

雑食とイチジク食

じつは、二〇一二年にテレメトリー発信機を装着するためにシベットを捕獲したときから、捕獲

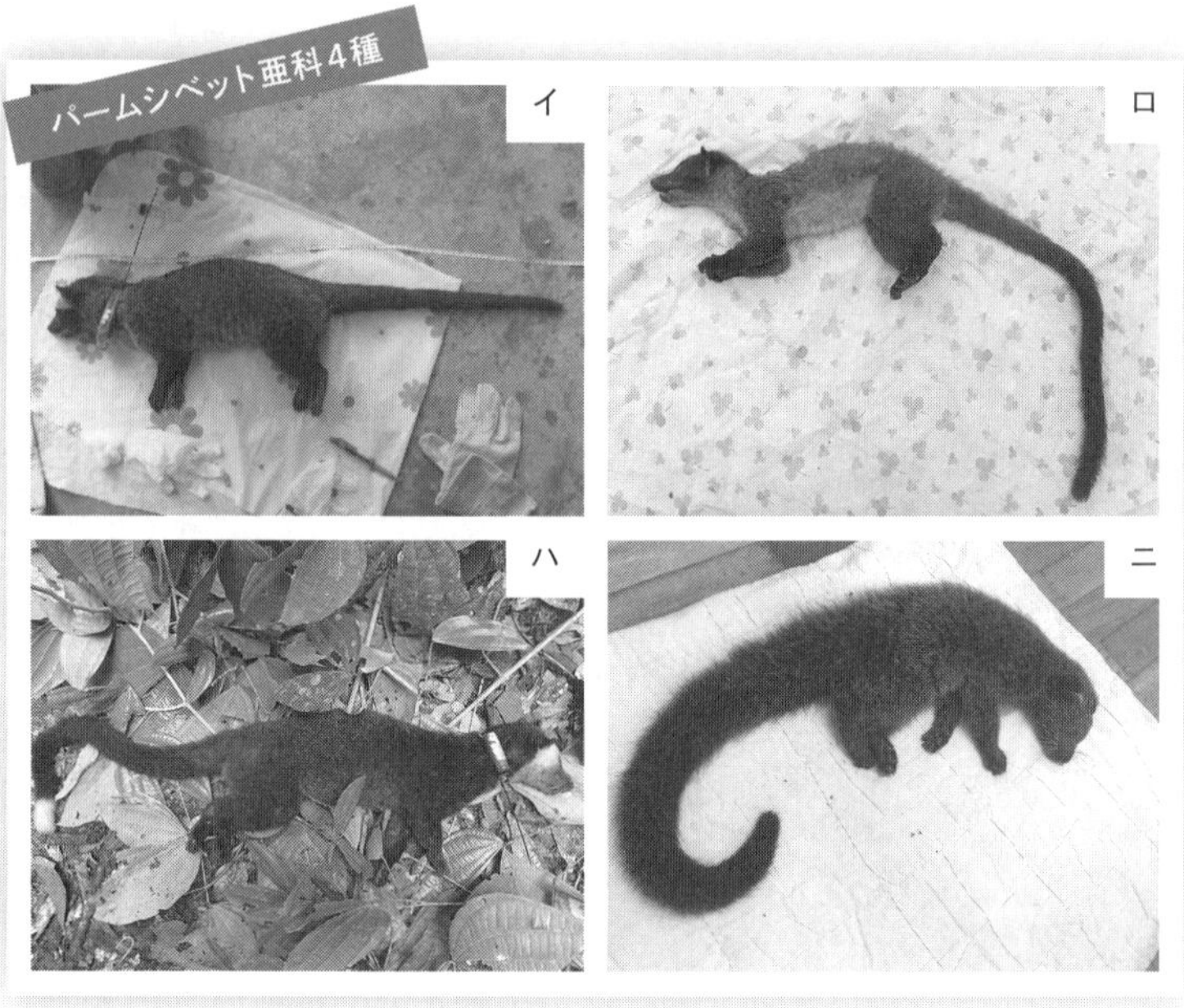

[イ]パームシベット、[ロ]ミスジパームシベット、[ハ]ハクビシン、[ニ]ビントロング。
7年かけてようやくパームシベット亜科4種すべての捕獲に成功した。

個体の体毛を採取していた。3章第9節「シベット3種の共存機構」で書いた「ある物」（137ページ）とは、体毛のことだ。二〇一七年に最後の捕獲個体の体毛を採取するまでの五年間で、五種二七個体のシベットの体毛が集まった。研究を開始した当初から気になっていた、パームシベット亜科のパームシベット、ミスジパームシベット、ハクビシン、ビントロング四種すべてと、ジャコウネコ亜科のマレーシベットが私の罠にかかった。シベットに関する研究を終え、捕獲も当分は行わないと決めたので、ついにこのときが来た。体毛が入ったチャックつきビニール袋を手に取ると、この個体はすぐ行方不明になったなあ、この個体は麻酔をかけたとき鼻ちょうちんを作っていたなぁ、といった懐かしい光景が次々と蘇った。数々の思い出が詰まった体毛と、ダナンバレーとマリアウで採取した果実や昆虫、小型哺乳類の体毛などが入ったビニール袋を、安定同位体生態学を専門とされている蔦谷匠博士と、安定同位体の受託分析をしてくれる会社に送付した。安定同位体は私の専門外なので、詳しい解説はGoogle先生に聞いていただくとして、ここではイメージしていただくために簡単に書く。生物の体を構成する炭素、窒素、酸素などの原子のほとんどは同じ重さだが、それらとは重さが異なる安定同位体と呼ばれる原子がごくわずかに存在する。主要な原子と安定同位体の割合を安定同位体比という。窒素や炭素の安定同位体比は、食物連鎖に伴って一定の比率で濃縮される。とくに窒素の安定同位体比は栄養段階の推定に用いられる。つまり、被食者（たとえばネズミ）よりも捕食者（たとえばネコ）の窒素安定同位体比の方が高いので、動物の体毛などの体組織から、その動物の食物連鎖における位置づけがわかるのだ。陸上動物食、植物食など動物の大まかな食性を知るには優れた方法だが、その動物が食べたもの（果実、葉、昆虫の種など）は安定同位体分析では知ることはできない。

食べたものなら散々調べてきたではないかと思われるかもしれないが、発信機を装着したからといって、シベットの食事風景を見ることができるわけではない。八年間の地道な観察で確認できたシベットの食物は果実や樹皮液など、九割以上が植物だった。パームシベットに関しては糞から食物を特定できたが、その他のパームシベット亜科三種は樹上で排泄する種もいるので、糞は簡単には見つからない。3章第5節「不器用なシベットのびっくり技」で書いたように、シベットはがんばって果実食をしている。しかし、果実だけではタンパク質が不足するので、食肉目に属する以上、必ず動物食をしているはずだ。しかし、けっきょく八年間の野外調査の間に、動物食を確認することができなかった。安定同位体分析の力を借りれば、シベットがどの程度動物食をするのか推定できる。私のシベット研究の締めくくりとして、これまで折に触れて集めてきた体毛を安定同位体分析にかけ、野外調査で確認できなかったシベットの食性を調べてみることにした。すると、驚愕の結果が返ってきた（図19）。

マレーシベットとパームシベット亜科三種（パームシベット、ミスジパームシベット、ハクビシン）の計四種は基本的に食性が似通っているという結果になった。一方で、ビントロングはそれらの種とは異なる栄養段階に位置していたのである。

ビントロングに関しては、数時間から数週間にわたって同じ採食場所に留まるので、追跡に苦労はしたが他のシベットよりも特定できた採食場所ははるかに多い。しかし、パームシベットやミスジパームシベット、ハクビシンは日単位で同じ場所に留まることはなく、追跡といっても三点測位法で位置を推定する場合がほとんどで、運よく目視できた場合でも、採食場所が結実木以外だった場合は食物を特定できなかった。したがって、この三種に関しては植物食性が強い、と過大評価していたようだ。マレーシベットはこれまでの研究で、動物食性が強い雑食だが果実も食べることがわかっていた。[1]マレーシベットがどの程度果実食をするのかはわかっていないが、今回の研究結果から、ビントロング以外のボルネオ島に生息するパームシベット亜科三種と同じくらい果実を食べ

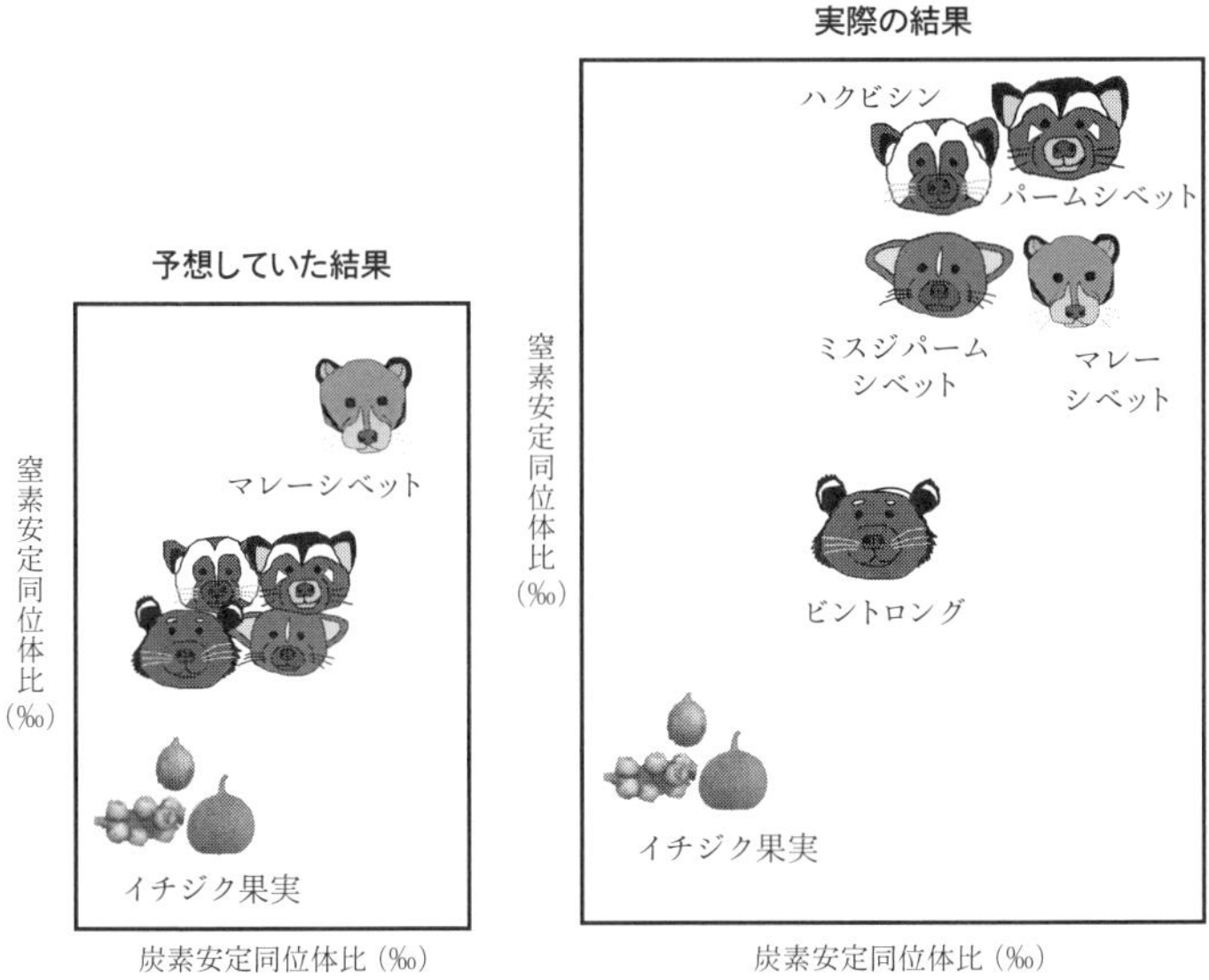

図19　シベット5種の体毛とイチジク果実の炭素・窒素安定同位体比

パームシベット亜科4種（パームシベット、ミスジパームシベット、ビントロング、ハクビシン）とジャコウネコ亜科1種（マレーシベット）の比較。

ており、またパームシベット亜科三種もマレーシベットと同じくらい動物食をすることが示唆された。

　ビントロングの結果は、彼らがほとんど肉食をしないということを示している。私がダナンバレーとマリアウでおこなった執拗な追跡の結果が如実に反映されており、ビントロングがイチジクを主食としていることが化学的にも証明された。ただ、マヌックを鶏肉の餌で捕獲したように、彼らは肉食もできる。しかし、少なくとも二頭の雌のビントロングは、食物連鎖のなかで他の四種のシベットよりも下位の栄養段階に位置していた。どれだけ多くのイチジクを食べても、果実の中に潜んでいるイチジクコバチやその卵は、タンパク源としてほとんど役立っていないことがうかがえる。オスも同じことが言えるのかや、ビントロングがどのようにして不足しているタンパク質を補完するのかは、まだわかっていない。シベット研究は区切りをつけたはずだが、この件に関して私の中の炎は燻り続けていて、いつ再燃してもおかしくない状態だ。

2 改めて共存機構を考える

競合を避ける方法

ボルネオ島のパームシベット亜科四種は、基本的に同じ果実を食べ、採食する果実の大きさと食物として利用する植物種に違いはなかった。[2] しかし、安定同位体分析によって、パームシベット、ミスジパームシベット、ハクビシンの三種とビントロングでは明確に食性が異なり、彼らの共存を可能にする要素として、イチジク食へのこだわりが存在することが明らかになった。前者三種は果実食をする雑食、ビントロングは基本的にイチジク食なのだ。だが、イチジクをめぐる競合はないのか、あるとすればパームシベット、ミスジパームシベット、ハクビシンの三種が食物をめぐる競合をどうやって避けているのか、こうしたことはまだ詳らかになっていない。一つ考えられることは、同じ植物を食物として利用していても、採食する時期や部位が異なるので、競合がうまく避けられている可能性だ。

ミスジパームシベットは、未熟果の採食頻度と植物の採食部位、という点が他の種とは違っていた。直接観察によって、パームシベットとミスジパームシベットは完全に未熟のスイドウボク（*Ficus fistulosa*）というイチジクの果実の果汁だけ搾り取ったことは先述した。ミスジパームシベットは、この木の他に二種の未熟果の果汁のみを飲み、残った果実は吐き捨てる行動を観察した（91ページ動画）。先行研究でも同様の行動が報告されている。とくに、典型的なコウモリ散布型の果実（比較的大きい、果実が枝から突出している、幹生果、かび臭い、果実が熟しても緑や黄色、など）をつけるカタアオゴムミカズラ（*Fagraea cuspidata*）の採食を確認したときは印象的だった。いかにも不味そうなその果実を、さらに未熟の段階で採食していたので、粗食でも夢中で食べるミスジパームシベットを不憫に思った。もちろん彼らは熟果も採食するので、未熟果だけを食べるわけではない。また彼らは、木の枝の皮を引っ剥がし、皮を噛みしめた後吐き捨て、樹皮液を採食した。アブラヤシの新芽の髄でも同様に液体だけを採食していた。オランウータンも樹皮や茎の髄を食べるが、シベットでは知られていなかった。ドリアンの花蜜を舐めることも確認したが、花蜜の利用はハクビシンでも報告されている。

ミスジパームシベットにはあって、ビントロングにはない特徴として、歯の圧搾機能の強化が挙げられる。歯は食性を表わす。ミスジパームシベットの英名はSmall-toothed palm civetすなわち

典型的なコウモリ散布型のカタアオゴムミカズラ（*Fagraea cuspidata*）の果実。硬く、良いにおいもせず、ミスジパームシベット以外の動物が食べているのを見たことがない。

「歯が小さいパームシベット」だ。その名の通り、体サイズに対して歯が小さい。ミスジパームシベットはもちろん果肉も食べるが、液体を含む植物の部位を口腔内で押しつけて、液体を搾り取るのに適応しているのだ。残念なことにパームシベットとハクビシンの歯の圧搾機能については調べられていないので、これらの種も同様の特徴をもつのかはわからない。しかし、それら二種による果汁や樹皮液の採食行動はほとんど記録がないので、ミスジパームシベットよりも利用頻度は低いと言える。ハクビシンの採食の観察回数は極端に少ないので除外すると、ミスジパームシベットは少なくともパームシベットよりも樹皮や未熟果といった、粗食とも思える食物を幅広く利用することが、共存を可能にする要因の一つと考えられる。ミスジパームシベットの柔軟な個体間関係も、多様な食物を採食するので同種内での争いに発展しにくいのかもしれない。

パームシベットとハクビシンに関しても、興味深い話がある。私の調査助手は、サバ州でも標高が高い地域出身のドゥスン人だった。その地域では、ハクビシンをよく見るがパームシベットはめったに見ないそうだ。その地域出身の別の方々に話を聞いても、やはり同じ答えが返ってきた。ドゥスン語でパームシベットとハクビシンは別の単語で表されており、彼らはきちんと別種だと認識している。この二種に関しては、標高によってすみ分けている可能性がある。しかし、低地の調査地でパームシベット亜科四種すべてを確認したので、標高で分布がきれいに分かれることはない。ただ、低地でのハクビシンの観察回数は、ほかの三種と比べると非常に少ない。パームシベットとハクビシンはもっとも近縁なので気になるのだが、共存機構の解明はまだ先のようだ。

中途半端が最適

最後に、シベットの形態について改めて考える。パームシベット亜科に属するシベットは、霊長類など他の果実食者と比較すると果実食に不向きな歯や消化管などの形態を持つ。だが何度も言うように、他の食肉目と比べると、歯の形態は果実食に適応しており、マレーシベットのように雑食には適応していない。ただ、4章第6節「ここまでわかったビントロングの生態」でもちらっと書いたがビントロングは例外のようで、歯の形態学者は、歯が極端に小さく、果実を潰したり引き裂いたりできないので、ビントロングは果実食ではなく花蜜食ではないか、と考えた。しかし、ビントロングの主食のイチジクの多くがビントロングの口腔よりも小さく、熟した果実を食べるのでそ

シベット5種の歯。犬歯（一番大きく長い歯）の大きさや、犬歯に対する臼歯（犬歯より口の奥に並ぶ歯）の大きさに着目していただきたい。ミスジパームシベットとビントロングの歯が明らかに小さいことがわかる。

うした歯の機能が必須ではない。消化管に関しても、シベット内ではビントロングの消化管は極端に短い。他のシベット（パームシベットとハクビシン）の腸の長さは体長の約三〜五倍だが、ビントロングは二倍程度だ。[3][4] ほぼ完全な果実食のメガネグマも、パンダやヒグマなど他のクマ科と比較すると消化管は短くなっている。テナガザルやサイチョウなど他の果実食者も、消化管が短い傾向にある。[5][6] したがって、ビントロングは果実食に適した形態を持つと考えられる。一方でその他のパームシベット亜科に属するシベットの消化管は、他の食肉目と比較すると特別長くも短くもなく、ある食性に適しているとは言えない。やはり、シベットは中途半端な動物なのだ。だが、中途半端だからこそ、木に登って果実を食べ、果実が少ない時期には昆虫を食べるなど、環境の変化に柔軟に対応して、食物を変えることができる。それが、完全な果実食とも雑食とも言えない歯や消化管などの形態を維持し、ゆるく柔軟な個体間関係を形成するに至ったのだろう。この柔軟さが、形態を大して変えずに現在も広い分布域をもち、似通った食性の近縁種が同所的に生息することを可能にしているのかもしれない。中途半端こそがシベットの最大の適応であり武器なのだ。

八年間シベットを追いかけ続けても見えなかったことが、化学分析によってはじめて見えるようになった。だからといって化学分析だけに頼ると、食性の違いは見えてもイチジクなどの果実食はわからなかった。地道な観察と糞集めを続けたことがようやく功を奏し、シベット研究を始めるきっかけとなった謎を解く鍵を一つ入手できた。修士研究で考えていた、高さによるすみ分けが存在するのかはけっきょくわかっていない。炭素安定同位体比の分析により、マダガスカル島で同所的に生息するキツネザル類の利用樹高が異なることが示唆されたが、私の調査地では樹高による明瞭な傾向が出なかった。これまで、自分ができることを精一杯やったつもりだが、限界が見えた。根性論だけですべて解決するわけではなく、とくに熱帯雨林の林冠で活動する夜行性動物の研究には、科学技術が不可欠だ。しかし二〇二一年現在では、技術だけに頼って結論づけるには時期尚早だ。もし技術だけでシベット共存機構が解明できるなら、私はそれに飛びつくだろう。だが、技術の進展を待つには長すぎる。この世界にはまだ泥臭い根性論が必要だ。礎は築いた。私がやるべきこと、できることはもうない。あとは、残った謎を解いてくれる人と技術の登場を待つだけだ。

3 森と生き物と私

森とお化け

私は現在、調査地をマリアウからカビリ―セピロク森林保護区やデラマコット森林保護区を含む五つの森林保護区に変更し、相変わらずサバ州の森に入っている。一年の約半分を森や山で過ごしているので、自然が好きなんだね、とよく言われる。もちろん私は自然が大好きだ。しかし、町も嫌いではない。パソコンやスマホをいじってGoogle先生に質問したり、本屋や博物館に行ったり、多種多様な焼酎を嗜んだり自動車を眺めたりしてシティライフも楽しんでいる。しかし、一か月も森に入らずにいると、無性に森が恋しくなる。町には森にない魅力が、森には町にない魅力があるのだ。

「山がない。」はじめて東京都心部を東京タワーから見下ろしたときに抱いた感情だ。神戸や姫路などを見下ろしたら、町の果てに必ず山が見える。篠山にいたっては、市街地が山に囲まれている。しかし、東京都心部は見渡す限り人工物が広がり、全体が白っぽい。緑色が極端に少ないのだ。街路樹など人に植えられた植物も、都会の白に紛れて緑が映えていないように感じる。夕方を過ぎると、人が皇居の周りに溢れてくる。ジョギングをしているのだ。ジョギングは健康増進に加え、心をリラックスさせる意味合いもある。山や森が身近にない都心部に暮らす人々にとって、まとまって木々が生える皇居はオアシスのような存在なのだろうか。シンガポールを訪れた際も、似たような印象を持った。シンガポールは、言わずと知れたアジア随一の都市国家である。熱帯なので道路沿いや点在する国立公園に植物が生い茂っているが、上空から見るとやはり国全体が白く見える。シンガポールでも、夕方になるとブキティマ自然保護区におびただしい数の人が集まり、ジョギングをしていた。都市部に住む人々は、仕事に疲れると緑を求めるのだろうか。世界中で都市の開発が進み、都市人口が世界人口の大多数を占めたとき、人々は緑に飢えるのだろうか。そんな時代が来たとき、サバ州はそうした人々にとってのオアシスとして機能していてほしいと私は願う。サバ州にはこれまで紹介してきたような豊かな自然が残されているだけでなく、いまや都市生活者にとっては絶滅したと思われているかもしれない「お化け」もたくさん生きている。何をいきなり、と思われるかもしれないが、人間にとって欠かせない自然とお化けは深く関係していると私は考えている。

日本人が昔からお化けを信じるように、サバ州の人々もお化けを信じる。そして、お化けをとても怖がる。科学者がお化けなんて、と思われた方はこれから私が紹介する内容を興醒めしながら読み進めてほしい。サバ州にも実に多くのお化けの「種」が存在する。実際に目にすることもある。とくに、調査地の森に調査のため出入りする日によく目撃する。小さいが人の形をしており羽がついている種や、頭から手足が生えて走り回る小さな種、一見普通の石だが目玉がついている種、形も大きさも車だがぶつかりそうになると消えるもの、などさまざまなお化けが存在する。お化けと聞くと悪さをするもの、と連想される方もいるだろうが、ほとんどは何も危害を加えない。

サバ州に限らず日本でも、森や山間の集落にはお化けが存在すると私は思う。私の祖父母は生まれも育ちも兵庫県の田舎だ。母が生まれるずっと前のある日、祖母は外出した祖父の帰りを家で待っていた。夕刻を過ぎても、夜になっても、祖父は一向に帰ってこない。心配しながら夜明けを迎えると、祖父が帰ってきた。帰宅した祖父の姿を見て、祖母は仰天した。全身泥まみれだったのだ。祖父が言うには、いつも通り家路についたが、その日はなぜか何度も何度も同じ場所に戻り、その場所から進めなかったそうだ。仕方なく田んぼに入って通り抜けようとしたが、それでもまた同じ

お化けが住むイチジク

半着生イチジクにはお化けが住んでいる、と信じているサバ州の人が多いので、この巨大絞め殺しイチジク（*Ficus caulocarpa*）には私以外誰も近づかなかった。

場所に戻される。朝方になってようやく家にたどり着いたそうだ。飲酒したわけでもなく、歩き慣れていない道でもない。何とも摩訶不思議な出来事だ。山に近い日本の田舎では、この他にも嘘のような本当にあった話をよく耳にする。ひょっとするとお化けは、ふだんは人目につかない場所でひっそりと暮らし、ときどき人目につく場所に自ら現れたりしてその存在を意識させているのかもしれない。人々がお化けの存在を忘れ去った日は、世界からお化けが住める森が消えた日なのだろう。そして同時に、人々の心から自然に対する敬意や畏怖の念が失われてしまった日でもある。あなたはお化けの存在を信じるだろうか。

日本人と絵本

私は今、サバ州の子供を含めた一般向けに絵本を書く計画を練っている。現在執筆中の研究論文を書き終えた後で、実行に移すつもりだ。なぜ絵本かというと、二つ理由がある。一つ目は、絵本は誰でも理解できる本だからである。研究発表などにも言えることであるが、研究者は、わかりやすく自分の研究を他人に伝えられるように工夫する必要がある、と私は考える。他人とは、同業者だけでなく一般の方、さらに子供たちも含まれる。絵本は、子供向けの書物である。つまり、子供が理解できる内容でなければならず、大人にも伝わる必要がある。絵本は文字通り、絵を主体とする本である。つまり、絵という視覚情報を用いて老若男女すべての人に共通して理解されなければならない。自分の研究内容や不思議で興味深い自然現象を、サバ州に住む子供だけでなく大人にもわかるように伝えたいのだ。二つ目の理由は、絵本を読むことで自然と道徳教育が身につくと私は考えるからである。絵本になっている国内・国外の童話の多くは、教訓を交えている。悪いことをしたものは罰を受け、優しい心を持ったものは幸せになる。嘘をつくと信頼を失い、努力をしたものは報われる。世の中一筋縄ではいかないが、多くの人にとってこうした基本的な道徳を学んだ最初の機会は、絵本なのではないだろうか。

私は、日本人が作る絵本は特殊だと考える。日本の昔話には、人間と野生動物を同等のものとして扱う作品が多い。たとえば、「かちかち山」ではおじいさんとおばあさん、兎と狸が同じ言葉を話し、同じ土地で生活をしており、兎がおばあさんの仇を討つ。「ぶんぶく茶釜」では、狸が世話になった人に恩返しをするために一肌脱ぐ。一方で、海外の童話は人間か野生動物一方が主人公のものが多く、両者が出てくる話はあるが多くの場合は動物が醜悪の象徴であったり、人間の家来であったりするので対等な関係ではない。日本最古の書物である古事記には、兎が鮫の背中を橋にして海を渡るが鮫に皮を剥がれ、さらに大国主神の兄神たちに騙されて海水に浸かったため泣いて悲しんでいたところを大国主神に救われ、こののち兎は大国主神に恩返しをした、という一節がある。そして現在も、この兎を白兎神として祀る地域がある。

実はマレーシアの民話にもマメジカがワニの背中を橋にして川を渡る話がある。山陰地方では鮫を「わに」と呼ぶ地域があるので、日本は古くから東南アジアと交流があったのかもしれない。マレーシアの民話ではマメジカとワニのみが登場し、ワニをうまく騙して対岸に渡った賢いマメジカと愚かなワニ、という内容だ。日本に、現在もこのような身近な野生動物を祀る神社が全国に存在するのは、祭神として野生動物を大切にしてきた日本人の伝統や文化の表れだと思う。日本人が書いた絵本は自己（人間）と非自己（野生動物）の境界が曖昧だ。この背景には、日本人の生活が深く関わっているのではないだろうか。日本人の多くは昔から、人が手を加えることで生態系が維持されている里山で生活してきた。里山は、人間と自然の共存や持続可能な生物資源の管理方法として近年世界的にも注目されている。人間と野生動物が対等に生活し、同じ言語で会話をする日本の民話の背景には、こうした里山での生活も関係しているのかもしれない。だからこそ非自己を忌み嫌って排除するのではなく、受け入れて自己と融合させる文化があることを、絵本を通して自然と学ぶのではないだろうか。

日本人と野生動物の関係はさらに深い。近年出版されている「かちかち山」は、私が幼少の頃に読んだ内容と少し変わっているようだが、おじいさんを困らせた狸を狸汁にするために捕まえたところから物語が始まったことを私は記憶している。この後狸はおばあさんに命乞いをするので、狸とおばあさんは共通の言語を用いて会話している。日本人は、野生動物を人間と対等な存在としても、祭神としても認識する。この場合、野生動物は人間にとって愛護の対象になりやすいと考えられるが、それだけではなかった。かちかち山は、日本人は野生動物を食物としても認識していることを教えてくれる昔話なのだ。日本人は古くから野生動物を、ご近所さんとして、祭神として、食物として見てきた。こうした日本的な観点は、他の場所では受け入れられないかもしれないが、人間と野生動物の間の形而上的な隔たりを小さくするきっかけになるかもしれない。

サバ州には、ダナンバレー自然保護区や世界遺産のキナバル国立公園など、都市から自動車や飛行機で数時間でアクセスできる自然景観がある。また、サバ州は、ボルネオ島やサバ州固有種を含む多種多様な野生動物の極めて重要な生息地である。密猟されたり居住地近くで発見されたりしたオランウータンやマレーグマなど、希少な野生動物の世界的に有名な保護施設も存在する。現在サバ州の経済はアブラヤシ（パーム油）によって支えられているといっても過言ではなく、州面積の約半分はアブラヤシ農園に転換されている。しかし、サバ州森林局はサバ州全体の面積の約半分を永久森林リザーブとして認定した。そのリザーブ内ではアブラヤシ農園の拡大が実質的に不可能になっている。今後サバ州の政策が変わらない限り、サバ州は森林保全と持続可能なアブラヤシ農園の利用の両立ができる、世界を代表するモデル地域となる可能性が非常に高い。そのためにも、地域住民によるサバ州の自然的価値の理解の普及が必要である。現在マレーシアでは環境教育を目的として絵本が出版されているが、登場する人間と野生動物の間に隔たりを感じる。だから、読み手の意識に訴えかける力も弱い。日本人の視点で野生動物やサバ州の自然を題材とした絵本を書き、サバ州の人々が野生動物をご近所さんとして認識すると、密猟や自然資源の過剰な搾取に対して考えが変わるかもしれない。また、誰もが理解できる絵本という媒体を用いて、そうした変革に欠かせない基本的な道徳心を小さい頃に培うことができるかもしれない。だからといって、私はサバ州の人々を精神面で強制する気はまったくない。ただ、自らの言動が正しいことなのか間違ったことなのかを自ら考え、自信を持ってその判断をできる人が増えると、うれしく思う。内容や表現方法は現在考え中であるが、近い将来絵本を出版することが今の私の目標だ。その絵本を読んだ人が、今一度幼少の頃に絵本の中で触れた単純な優しさを思い返すきっかけになれればと考えている。

町での短所が森での長所に

近年アスペルガー症候群などの発達障害の話題に触れる機会が増えた。この本を読んでくださっている方の中にも、発達障害を持つ方がいらっしゃると思う。私自身、アスペルガー症候群である。そんな方々にお伝えしたいことがあるので、この節を執筆した。母親に聞くと、私は赤ん坊のころから目を合わせなかったり、集団に属することに興味がなかったりと、いろいろ心配をかけてきたようだ。近年は発達障害に対する理解が深まりつつあるようだが、一昔前はそうはいかなかった。いわゆる「変わった人」なので大人にも子供にも理解されず、親友と呼べる人はいない。現在はどうか知らないが私の学生時代は、友人がいない子供は問題視されていたので、一人でいてはいけない、友人を作らなければいけない、という見えない重圧に毎日押しつぶされそうだった。だからといって専門医を訪ねることもなかった。私はなんと、修士研究の調査地タビンで自分がアスペルガー症候群であることを知った。タビンには観光客用の宿泊施設があったので、日本人観光客にしばしばお会いした。ある日、精神科医の方にお会いする機会があった。私の動きや言葉遣い、目線から私がアスペルガー症候群であることがすぐにわかったそうだ。私を含むアスペルガー症候群の方の多くは、人の目を見て話すことが苦手だ。別に後ろめたいことがあるのではない。理由はわからないが、違和感や恐怖感に苛まれるし、一度目を見て話すと、目をそらすタイミングがわからないのでずっと見続けてしまう。目を見て話さないと人は不快に思うので、私は人と話すとき鼻や口のあたりを見ることにしている。二〇代前半までは、人の顔を見るだけでかなり覚悟がいることだったことを思えば、我ながら成長（適応？）したものだと思う。相手は日本人に限らず外国人も当てはまるので、当然相手が外国語を話しても同じである。だから、外国語を話す人の唇や舌の動かし方を見て、発音やリズムを習得した。人と会話をする上で目を見ないことは非適応的だろうが、こんなメリットもあるのだ。

視覚と同様に、アスペルガー症候群は光や音に敏感な人が多い。目をつぶっても月明かりがまぶしすぎて眠れなかったり、スリープ状態の機械の待機音がうるさくて集中できなかったりする。もっとも困るのは、居酒屋や喫茶店などで人と会話ができないことだ。私が感じることをそのまま表現すると、ＢＧＭはもちろん他の客の会話、食器、エアコン、ドア、椅子が動く音などすべての音に気を取られて、目の前の相手との会話に集中できない。雑音を拾いたくなくても、私の耳は拾ってしまうのだ。近距離で相手が話してくれても雑音にかき消されて、相手の声を聴き分けられない。これは意志で解決できる問題ではないのだが、会話に集中していないと思われて相手を不機嫌にさせてしまったことは何度もある。そのため、人と会話するときは静まり返った場所でない限りかなりのエネルギーを消耗し、強いストレスを感じる。こうしたアスペルガー症候群の特性は、街の中では厄介ではあるが、森の中では違う。実に便利なのだ。とくに暗闇では、どんな小さな音も逃さないので、動物がいる場所がわかる。また、これは最近普通ではないと気がついたのだが、私はにおいに形や色を感じる。たとえばイノシシは銀色の円錐形のにおいで、スカンクアナグマは薄い黄緑色だ。ちなみにヒトは濃いねずみ色だ。だから、においの分類が容易で、森の中でにおいを嗅ぐとそこに何がいる（いた）のかがわかる。これは、自動撮影カメラや罠を仕掛ける際に非常に役に立つ。また、見たものを映像や画像としてそのまま記憶できることが、とくに夜間にシベットを個体識別するとき、一瞬でも見えた個体に特有の傷や模様などの特徴をとらえることに、非常に役立った。ただ、歳を取るにつれてとくに画像が明瞭ではなくなってきているので、残念だがいずれこれは不可能になる気がする。

また、アスペルガーの特徴の一つである数字に対する強い興味も研究に役立っている。私は小さい頃から、数字が好きだった。車のナンバーや電話番号、サッカー選手の背番号など数字があるものなら事細かに記憶していた。実をいうと、私は人の名前を覚えるのがとても苦手だ。しかし、生年月日と出身地は記憶しているので、私の交友関係はそれらのデータにもとづいて構成されている。サバで数回会ったことがある人に声をかけられても、申し訳ないがほとんど名前を覚えていない。しかし、「おぉー。久しぶり、最近地元の～はどう？　実家がある～村に帰った？　そういえば先月誕生日だったたね」と、相手の気を悪くすることなくうまくごまかすことができるのだ。しかしこれは休みがあると地元の村に帰る習慣が定着しているサバ州では役立つが、相手の名前を重視し、地元の話題よりも仕事や身近な出来事が会話の中心である日本ではまったく役に立たない。野外調査では、何年のいつごろにどんな現象を目にしたか記憶しているので、ノート内の記載や写真を探すのが容易だ。また、論文執筆においてもこの特性は役に立つ。論文を書く際、引用文献を入れる必要がある。文章中に著者名と発行年を記載する際に、引用したい記述は〇〇という場所で行われた研究で、〇年発行の文献の右下に書いてあった、という風に記憶しているので、文献探しが大変楽である。

しかし、数字に対するこだわりは役立つことばかりではない。日付や時刻を記憶しているので、その数字通りに事が進まないと、不安で仕方ないのだ。たとえば、本書の第一稿の締め切り日が迫っていても、原稿はまったく完成していなかった。その日に間に合うように書き進めたくても、手が動かないのである。抽象的ではあるが、頭では書きたい内容はまとまっている。しかし、それが映像化されない限り、私の手は止まってしまう。そして突如、書きたい内容の鮮明な映像が流れる。それはホームビデオで撮影された臨場感溢れる映画のようなものであったり、ときには授業のように黒板を用いて解説するものであったりする。そうなってはじめて筆が進むのである。締め切り日までに映像化されなかった場合、その日が近づくにつれて日付のことで頭がいっぱいになり、不安が恐怖に変わるのだ。小学生の頃、門限の18時が近づくととてつもない不安に襲われた。門限を一分過ぎても一時間過ぎても両親が怒ることはなかっただろうが、18時00分の数字から時計の表示が変わってしまうことが怖くてたまらなかったのだ。また、八年前までは待ち合わせ時間ぴったりに自分が待ち合わせ場所にいない場合も恐怖に感じたので、待ち合わせ時間の一時間前から待機することがよくあった。しかし、待ち合わせ時間を三〇分や一時間過ぎることは当たり前で、約束を忘れて姿を現さないこともふつうにあるサバ州で研究を開始してからは、待ち合わせ時間の四〇分前までは平常でいられるようになった。いずれにせよ、なんと厄介な性分なのだろうか。

アスペルガー症候群である私は、学校のチャイムが鳴るたびに音が不快で背筋が凍る思いをしたり、繁華街に出かけても店の明かりがまぶしすぎて疲れたり、人混みではいろんな音やにおいが混ざって不快になったり、何よりも人と集中して会話できないので、小さい頃から生きづらさを感じていた。また、感覚だけではなく対人関係においてもいろいろと苦労した。小学一年生の頃、クジラが町を飲み込む話の読み聞かせを受けた後、その絵を学年全体で書かされた。書き上げた絵は、教室の外に飾られ、誰でも見ることができた。私は、図鑑やテレビで見たことがあるナガスクジラをモデルにしたので細長いクジラを書いたが、私以外の全員はラクダのこぶのように丸く、さすまたの先端を逆さにしたような形で、頂点から潮を噴いているデフォルメされたクジラを描いていた。同学年の子たちだけでなく、年長の学年の生徒たちまでもが、私のクジラを見て、「変なクジラ。魚みたい」と言っていた。私は心の中で、「あんな丸くて短いクジラが世界のどこにいるのか」と思っていた。小さかった私の体が一気に熱くなるのを感じた。これが、間違っていてもみんなと同じだとそれが正しくなり、他人と異なっていると間違いと評価される世界を窮屈に思った最初の記憶である。小さい頃から他人と接し、会話するのが苦痛で、具体的な母親や父親の言動のイメージがわからないうえに、まだ子供なのに母親役などを演じることに違和感を覚えたままごと遊びではいつも、何もしゃべらなくて済むただ座っているだけの犬の役を演じた。だから、小中高そして大学時代も、社会に溶け込むことができず毎日が楽しくなかった。しかし、大学院に進学し、ひとたび森に入ると、感覚が過敏であることが心地よく、さらにうまく機能することに気がついた。発達障害で悩む方々にお伝えしたい。この節で書いた私の感覚や体験に共感できる方は多いかもしれない。環境が変われば、長年の苦労の原因が武器になることがある。研究者を目指せと言う気はさらさらないが、生きづらい、と感じている場合は、勇気を出して生活環境を変えてみてはいかがだろうか。

4 おもしろさ

私がこれまでしてきた研究を読んで、この研究は何のためのものだろうか、と思われたかもしれない。私は、ヒトが人間たる理由を探るヒントとなる霊長類の研究者でも、地球環境の研究者でも、医学や工学など実学の研究者でもない。私の研究は、人間にとって何の役に立つのだろうか。私はこの問いを、研究を開始した当初から考え続けてきた。風が吹いて桶屋が儲かるように、シベットの研究を哺乳類や人間の進化、熱帯雨林、さらには地球にもつなげることはできる。しかし、考え抜いた末に私が行きついた答えは、知的好奇心だった。もちろんこれは私個人の考えであって、すべての研究者に共通するものではない。私は、知的好奇心こそヒトを人間たらしめる大きな要因の一つだ、と考える。私の周りの熱帯雨林関係の外国人研究者は、熱帯雨林の減少が原因となって起こる環境破壊や地球温暖化、野生動物や植物の保全など、とても立派な研究をおこなって世界的にも高く評価されている。しかし、国際学会で彼らの発表の結論を聞いて、会場から笑顔や笑い声が漏れることは今のところないし、あってもごく稀だと思われる。私は学会で発表賞を取ったことがない。しかし、とくに国際学会では、発表後に「あなたの発表とても楽しかった」や「君の研究、素敵だよ」などと声をかけてくれる人は少なくない。負け惜しみでも驕りでもなく、賞が取れなくても、発表会場が複数あるなか私の発表会場に足を運んでくれて、私の発表を聞いて喜んでくれた人が一人でもいたことが純粋にうれしいのだ。私には、人間の生活に役立つ研究や地球環境を改善させる研究はできないかもしれない。しかし、熱帯雨林を走り回って、研究の成果を聞いてくれた人を楽しませることはできる。実学が目指すものは、実生活の豊かさだ。おもしろさこそ、その豊かさなのではないだろうか。豊かさにたどり着くにはさまざまな方法があり、地球規模の大テーマの研究を用いる方法もあれば、私のような研究を用いる方法もある。私の研究テーマは熱帯研究者が注目するものの中では少数派だろうが、私は誇りをもって自らの研究に励んでいる。

とは言ったものの、修士研究のときから、私の心には迷いが生じていた。生き物を観察することが好きだったから、動物博士になりたいと思った。しかし、いざ研究の世界に足を踏み入れてみると、新しい世界が広がっていた。観察がすべての起点である。しかし、その後はやれ統計だの、サンプルサイズだの、モデリングだのと、観察した動物の行動や現象の一般化が最終目標のように感じた。そして、論文を書く段階になると、研究の目的を仮説検証型にしないと、ほとんどのジャーナルは受けつけてくれない。もちろん、少なくとも博士号を取得する、つまり学問して真理を追究する出発地点に向かう段階では、これらの行為は当然成されるべきことだ。不羈奔放に自分がおもしろいと思ったことを書き綴るのは、夏休みの宿題の観察日記で十分だ。しかし、生物の観察をしている最中に、これでは統計処理をしたりモデリングしたりするにはサンプル数が足りない、などと考えて、何度も興醒めしたのも事実だ。飼育動物であれば可能かもしれないが、野生下の動物の行動を観察して、その後の数学的処理が可能なサンプル数を獲得することを目指すなら、確実にデータが取れるテーマに限定するしかない。いくら別の種、別の研究テーマを選んでも、けっきょくはこの反復ではないのか。滅多に起こらない現象や観察による純粋な発見は、「サンプル数が足りない例」という同じ引き出しに入れられる。私が憧れ、ならんと志した研究者とは、興や雅を捨て、観察したことを窮屈で均質な檻に閉じ込める管理人なのだろうか。この迷いを決定的にした出来事を次に挙げる。

欧米諸国のひとつが発行しているある国際ジャーナルに、半着生イチジクの論文を提出したときの話だ。私は五本のイチジクの結実木で観察したものの、ビントロング、テナガザル、サイチョウ類のすべてが観察できたのはけっきょく二本だけだった。だから、二本の結実木での観察と、首輪型発信機を装着した少なくとも三頭のビントロングにもとづく論文を書いた。[7] 提出してから数時間後、その国際ジャーナルの編集者は、観察した結実木数とビントロングの個体数が少なすぎるという理由で、私の論文を却下した。あれほど眠気と戦い、満身創痍になって掴み取った結果を一蹴されたのだ。個体数などの例数が少ないという理由で論文が却下されたことは、これまでに何度もあった。論文が却下されたら、悲憤せず速やかに次の投稿先を探せ、と一般的に言われる。しかし私は大人気ないので、意気消沈すると同時に憤慨した。自分が丹精を込めて造り上げた論文を提出してから数時間で却下されたら、いくら平静でいようとしてもはらわたが煮えくり返ってしまうものなのだ。私のこれまでの努力を承認してほしいのではない。がんばったで賞など研究の世界に必要ない。観察例数に囚われないで、これまで知られていなかった現象を明らかにした例として、結果を見て欲しかったのだ。努力しないで誰もがおもしろいと思う論文が書けることに越したことはない。だが、大抵の人は努力して研究をおこない、論文を書く。おもしろさに到達するのに、努力するのは当然のことだ。提出後すぐに返答が来るということは、例数やグラフなどだけを見て判断した可能性が高い。本文を読んでもらったのだろうか、読む価値もなし、と判断されたのだろうか、と疑心暗鬼になった。その雑誌に掲載する意思がないことを早く伝え、研究者の精神的負担を軽減させるという意味では、その行為は良心的だ。しかし、例数以外の却下理由が欲しかった。憤慨しても時間とエネルギーの無駄なので、けっきょくさっさと新しい投稿先に提出することにした。「却下される」から「次の投稿先に提出する」までの過程で、不器用な私には「激昂する」段階を飛ばすことができなかった。いくら観察数が少なくても、私の目の前で起こったことは幻ではなくすべて紛れもない現実だし、偶然だとしても、半着生イチジクが半着生イチジクである限り、その果実を食べた動物がその動物である限り、半着生イチジクと動物が相互に作用した結果は、確かにこの世に存在する。たかが一、されど一だ。もちろん、数例にもとづく結果から大言壮語を吐くのはよろしくない。すべてを受理していては、ジャーナルも科学も崩壊する。だが、私が目指したものは、実験による実証でも、方法論の確立でも、理論の体系化でもない。観察にもとづく自然現象の発見だ。化学・物理学を含め、自然科学に誤差や例外でかたづけてよい現象は存在しないのではないだろうか。体系化だけに目を向けることは、実はもっとも客観性を欠く行為で、真理の追究から目を背けてはいないか。一般化からの落ちこぼれにこそ、おもしろさが詰まっているのに。

現代科学の「常識」にもとづけば、こうした考えはただの負け犬の遠吠えとして扱われるだろう。では勝ち猪になるためには、どうすればよいだろうか。私は、あえて果たし合いを申し込む必要はないと思う。現代科学が間違いだとはけっして思っていないからだ。ただ、それに固執してもいけないと思う。現代科学だけでは説明できない自然現象や、例数が少ないから無視されている自然現象が数多ある。霊長類、とくに類人猿の生態や人類の化石発掘の研究では、例数が少なくても人類進化の解明につながる発見の場合は、重視されることがある。また、絶滅危惧種や極端に情報が少ない動物種の研究であれば、一例でも受理される論文がある。ダナンバレーでビントロング一頭（パスイ）を追跡した私の論文がその例だ。それ以外の動物ならば、一例や二例ではほぼ確実に門前払いされる。そもそも、現代科学は先人たちが集積させたいくつもの観察例が起源ではないのか。土台を疎かにしては、巨塔は構築できない。

現代科学にこのような疑問を抱いた人間は私一人ではないはずだ。だが、長い歴史を持つ主流を変えるのは容易いことではない。世の流れに逆らっても、理想を手にすることはできないかもしれない。生きている間も、死んでからも、この先ずっと、この目で見た現象が日の目を見ることはないのかもしれない。しかし、自らが見つけたおもしろい原石に一片の偽りもないのであれば、汚れが落ちて光り輝く宝石が現れる日が来る、と私は信じる。

おわりに

学生の頃に教科書で学んだことは、一〇年も経てば変わる可能性がある。昨日までの常識も、今日覆されるかもしれない。自然と同じく人間の社会は刻一刻と変化するものだ。そして、人々が抱く感情も、社会情勢によって変わり続けるのだろう。今おもしろく思うものも、数十年後にはきっと、つまらないものになっている。しかし、何もなかった状態から想定外のものが現れたときに人々がたまげる様子は、いつの時代も同じはずだ。だから、不朽の名作と呼ばれる文学作品は、いつまでも人々の心を動かし続けるのだろう。だから、歴史に名を残した人々がいるのだろう。おもしろい「こと」は違っても、それをおもしろく「思う」人々の純粋な感情は、これまでも、これからも、変わらないだろう。誰とも言葉を交わさず、顔を合わさなくても生きていける。肉体を持つ意味があるのだろうか、と疑ってしまう時代の足音が聞こえるからこそ、生身の人間臭さを前面に押し出して本書を執筆した。拙著を読んでいただいた方々が、少しでも「おもしろさ」について考えていただけるのであれば、うれしい限りだ。

駆け出しの研究者の夜郎自大になりそうだが、修士研究をまとめたときの私と同じ思いをしている方の励みになればという思いを込めて、以下の文を記す。——これまで研究をしてきて、学んだことがある。壁にぶつかって、その壁を自らよじ登って乗り越えるのに失敗したなら、よじ登る必要はない。壊したり、下に穴を掘って潜り抜けたり、土を積み上げて乗り越えたり、地球を反対側に一周したりして、別の方法で壁の向こう側に行く努力をするのだ。それでもどうしても越えられないのならば、来た道を引き返して別の壁に出くわすまで歩けばよい。一度や二度乗り越えられなかったからと言って投げ出したり、登る前から諦めてしまうのは、もっともよくない。重ねた努力は経験になり、新しい突破口を生み出す。生きているうちに出くわす壁は一枚ではない。壁の枚数やぶつかる頻度は、人によって異なる。しかし、壁の高さは経験を積むことで低くすることができる。だから、困難に直面しても簡単にあきらめないでほしい。——これは私自身に対する激励でもある。これから研究を続けていくなかで、困難に直面することはわかっている。それでも、熱帯雨林に満ち溢れている自然の不思議を見つけ出したい。そして、一人でも多くの人におもしろさを感じてもらいたい。この目標を胸に、篠のように忍耐強くしなやかに、黒豆のように艶があり、山の芋のように粘り強く、松茸のように人を笑顔にし、栗のように剛柔（棘と美味しい実）を併せ持ち、そして、イノシシのように力強く生きていけるヒトに私はなりたい。

末筆ながら、本書の執筆にあたり、原稿を何度もチェックしていただいた、黒田末壽氏、西江仁徳氏、京都大学学術出版会の永野祥子氏、嘉山範子氏、鈴木哲也氏、イラストを書いていただいた、森華氏に深く感謝申し上げます。また、本書で紹介した研究をおこなうにあたり、シベットたちを含め、数多くの方々にご協力いただきました。とくに、幸島司郎先生、安間繁樹先生、河合雅雄先生、松林尚志氏、半谷吾郎氏、金森朝子氏、久世濃子氏、鮫島弘光氏、松田一希氏、中島啓裕氏、松川あおい氏、伊澤雅子氏、Henry Bernard（ヘンリー　バーナード）氏、Abdul Hamid Ahmad（アブドゥル　ハミッド　アハマッド）氏、サバ州野生生物局、サバ財団、サバ州生物多様性センター、兵庫県立人と自然の博物館に厚く御礼を申し上げ、感謝します。また、辛い野外調査に泣きながらもついてきてくれた調査助手の皆様のおかげで本研究を遂行することができました。コロナ禍で海外渡航ができない期間に、飼育個体のデータ採取にご協力いただいた、株式会社ＦＵＬＦＩＬＬ　ＦＯＲ代表の吉本喬氏、アニミルのスタッフの皆様、広島市安佐動物公園の野田亜矢子氏、飼育員の皆様に御礼を申し上げます。そして、自由奔放なようでいつもなにかを恐れている私を見守ってくれる家族に深く感謝しています。ありがとうございました。

本書を書き上げ、早春の陽光を浴びて、ついあくびが出てしまった。今の私のあくびは、祖父の目にどのように映るだろうか。

二〇二一年三月

中林　雅

bear cat (*Arctictis binturong*). J Dairy Sci 85: 251 Mitchell, P. C. 1905. On the intestinal tract of mammals. *The Transactions of the Zoological Society of London*, 17: 437-536, 2002.

[7] Nakabayashi, M., Inoue, Y., Ahmad, A. H. and Izawa, M. Limited directed seed dispersal in the canopy as one of the determinants of the low hemiepiphytic figs' recruitments in Bornean rainforests. *PloS One*, 14: e0217590, 2019.

mixed-diet carnivorans. *Journal of Mammalogy*, 76: 206-222, 1995.

[21] Popowics, T. E. Postcanine dental form in the mustelidae and viverridae (Carnivora: Mammalia). *Journal of Morphology*, 256: 322-341, 2003.

[22] Lambert, J. E., Fellner, V., McKenney, E. and Hartstone-Rose, A. Binturong (*Arctictis binturong*) and kinkajou (*Potos flavus*) digestive strategy: implications for interpreting frugivory in Carnivora and Primates. *PloS One*, 9: e105415, 2014.

[23] Nakabayashi, M. and Ahmad, A. H. Short-term movements and strong dependence on figs of binturongs (*Arctictis binturong*) in Bornean rainforests. *European Journal of Wildlife Research*, 64: 66, 2018.

[24] Chutipong, W., Steinmetz, R., Savini, T. and Gale, G. A. Sleeping site selection in two Asian viverrids: effects of predation risk, resource access and habitat characteristics. *Raffles Bulletin of Zoology*, 63: 516-528, 2015.

[25] Grassman, L. I., Tewes, M. E. and Silvy, N. J. Ranging, habitat use and activity patterns of binturong *Arctictis binturong* and yellow-throated marten *Martes flavigula* in north-central Thailand. *Wildlife Biology*, 11: 49-57, 2005.

[26] Nakashima, Y., Inoue, E., Inoue-Murayama, M. and Sukor, J. R. A. Functional uniqueness of a small carnivore as seed dispersal agents: a case study of the common palm civets in the Tabin Wildlife Reserve, Sabah, Malaysia. *Oecologia*, 164: 721-30, 2010.

5章

[1] Colon, C. P. and Sugau, J. B. Notes on the diet of the Malay Civet (*Viverra tangalunga*) and other civets in logged and unlogged lowland dipterocarp rain forests in Sabah, Borneo. *The Malayan Nature Journal*, 64: 69-74, 2013.

[2] Nakabayashi, M. List of food plants of four sympatric Paradoxurinae civet species based on eight-year records on Borneo. *Tropics*, 29: 67-75, 2020.

[3] Liu, J., Huang, F., Liu, Z., Li, W., Qu, X. and Kang, M. Anatomical studies of the digestive apparatus in *Paguma larvata* 果子狸消化器官的解剖研究, *Journal of Hunan Agricultural University*, 23: 578-581, 1997.（中国語）

[4] Rizkiantino, R. *Studi morfologi usus musang luak* (*Paradoxurus hermaphroditus*). Fakultas Kedokteran Hewan, Institut Pertanian Bogor, 2015.（インドネシア語、学士論文）

[5] Garrod, A. H. Notes on anatomy of the binturongs (*Arctictis binturong*). *Proceedings of the Zoological Society of London*, 196-202, 1878.

[6] Crapo, C., Moresco, A., Hurley, S., Hanner, T. and Kadzere, C. Anatomical measurements of the digestive tract and nutrient digestibility in the Asian

Bornean rain forest canopy. *Ecology*, 76: 2617–2626, 1995.

[7] Nettelbeck, A. Sightings of binturongs in the Khao Yai National Park, Thailand. *Small Carnivore Conservation*, 16: 22–24, 1997.

[8] Leighton, M. *Fruit resources and patterns of feeding, spacing, and grouping among sympatric Bornean hornbills* (*Bucerotidae*), University of California, 1982.（博士論文）

[9] Kitamura, S. Frugivory and seed dispersal by hornbills (Bucerotidae) in tropical forests. *Acta Oecologica*, 37: 531–541, 2011.

[10] Corlett, R. T. Seed dispersal distances and plant migration potential in tropical East Asia. *Biotropica*, 41: 592–598, 2009.

[11] Nakabayashi, M., Ahmad, A. H. and Kohshima, S. Fruit selection of a binturong (*Arctictis binturong*) by focal animal sampling in Sabah, Malaysian Borneo. *Mammalia*, 81: 107–110, 2017.

[12] Inoue, Y., Sinun, W. and Okanoya, K. Activity budget, travel distance, sleeping time, height of activity and travel order of wild East Bornean Grey gibbons (*Hylobates funereus*) in Danum Valley Conservation Area. *Raffles Bulletin of Zoology*, 64: 127–138, 2016.

[13] Leighton, M. Hornbill social dispersion: variations on a monogamous theme. In: Rubenstien, D. I and Wrangham, R. W. (eds.), *Ecological Aspects of Social Evolution: Birds and Mammals*, Princeton University Press, 1986. pp. 108–130.

[14] McConkey, K. R. Primary seed shadow generated by gibbons in the rain forests of Barito Ulu, Central Borneo. *American Journal of Primatology*, 52: 13–29, 2000.

[15] Poonswad, P. and Tsuji, A. Ranges of males of the great hornbill *Buceros bicornis*, brown hornbill *Ptilolaemus tickelli* and wreathed hornbill *Rhyticeros undulatus* in Khao Yai National Park, Thailand. *Ibis*, 136: 79–86, 1994.

[16] McConkey, K. R. and Chivers, D. J. Influence of gibbon ranging patterns on seed dispersal distance and deposition site in a Bornean forest. *Journal of Tropical Ecology*, 23: 269–275, 2007.

[17] Naniwadekar, R., Rathore, A., Shukla, U., Chaplod, S. and Datta, A. How far do Asian forest hornbills disperse seeds? *Acta Oecologica*, 101: 103482, 2019.

[18] Thornton, I. W., Compton, S. G. and Wilson, C. N. The role of animals in the colonization of the Krakatau Islands by fig trees (*Ficus* species). *Journal of Biogeography*, 23: 577–592, 1996.

[19] Mitchell, P. C. On the intestinal tract of mammals. *The Transactions of the Zoological Society of London*, 17: 437–536, 1905.

[20] McNab, B. K. Energy expenditure and conservation in frugivorous and

Xiu, Y. and Wei, F. Comparative genomics reveals convergent evolution between the bamboo-eating giant and red pandas. *Proceedings of the National Academy of Sciences of the United States of America*, 114: 1081-1086, 2017.
[34] Zhao, H., Yang, J-R., Xu, H. and Zhang, J. Pseudogenization of the umami taste receptor gene tas1r1 in the giant panda coincided with its dietary switch to bamboo. *Molecular Biology and Evolution*, 27: 2669-2673, 2010.
[35] Corlett, R. T. What's so special about Asian tropical forests? *Current Science*, 93: 1551-1557, 2007.
[36] Grassman, L. I., Tewes, M. E. and Silvy, N. J. Ranging, habitat use and activity patterns of binturong *Arctictis binturong* and yellow-throated marten *Martes flavigula* in north-central Thailand. *Wildlife Biology*, 11: 49-57, 2005.
[37] Chutipong, W., Steinmetz, R., Savini, T. and Gale, G. A. Sleeping site selection in two Asian viverrids: effects of predation risk, resource access and habitat characteristics. *Raffles Bulletin of Zoology*, 63: 516-528, 2015.
[38] Nakabayashi, M., Ahmad, A. H. and Kohshima, S. Fruit selection of a binturong (*Arctictis binturong*) by focal animal sampling in Sabah, Malaysian Borneo. *Mammalia*, 81: 107-110, 2017.
[39] Schreier, B. M., Harcourt, A. H., Coppeto, S. A. and Somi, M.F. Interspecific competition and niche separation in primates: a global analysis. *Biotropica*, 41: 283-291, 2009.

4章

[1] Nason, J. D., Herre, E. A. and Hamrick, J. The breeding structure of a tropical keystone plant resource. *Nature*, 391: 685, 1998.
[2] Harrison, R. D., Hamid, A. A., Kenta, T., Lafrankie, J., Lee, H. S., Nagamasu, H., Nakashizuka, T. and Palmiotto, P. The diversity of hemi-epiphytic figs (*Ficus*; Moraceae) in a Bornean lowland rain forest. *Biological Journal of the Linnean Society*, 78: 439-455, 2003.
[3] Shanahan, M., So, S., Compton, S. G. and Corlett, R. Fig-eating by vertebrate frugivores: a global review. *Biological Reviews of the Cambridge Philosophical Society*, 76: 529-572, 2001.
[4] Terborgh, J. Community aspects of frugivory in tropical forests. In: Estrada, A. and Fleming, T. H. (eds.), *Frugivores and seed dispersal. Tasks for vegetation science, vol 15*, Springer, 1986. pp. 371-384.
[5] Laman, T. G. Ficus seed shadows in a Bornean rain forest. *Oecologia*, 107: 347-55, 1996.
[6] Laman, T. G. *Ficus stupenda* germination and seedling establishment in a

2000.

[21] Nakabayashi, M., Ahmad, A. H. and Kohshima, S. Horizontal habitat preference of three sympatric Paradoxurinae civet species in a small area in Sabah, Malaysian Borneo. *European Journal of Wildlife Research*, 63: 2, 2017.

[22] Nakabayashi, M. and Ahmad, A. H. Short-term movements and strong dependence on figs of binturongs (*Arctictis binturong*) in Bornean rainforests. *European Journal of Wildlife Research*, 64: 66, 2018.

[23] Patou, M. L., Debruyne, R., Jennings, A. P., Zubaid, A., Rovie-Ryan, J. J. and Veron, G. Phylogenetic relationships of the Asian palm civets (Hemigalinae & Paradoxurinae, Viverridae, Carnivora). *Molecular phylogenetics and evolution.* 47: 883-892, 2008.

[24] Viseshakul, N., Charoennitikul, W., Kitamura, S., Kemp, A., Thong-Aree, S., Surapunpitak, Y., Poonswad, P. and Ponglikitmongkol, M. A phylogeny of frugivorous hornbills linked to the evolution of Indian plants within Asian rainforests. *Journal of Evolutionary Biology.* 24: 1533-1545, 2011.

[25] Stewart, C. B. and Disotell, T.R. Primate evolution-In and out of Africa. *Current Biology*, 8: R582-R588, 1998.

[26] Kolderup, A. and Svihus, B. Fructose metabolism and relation to atherosclerosis, type 2 diabetes, and obesity. *Journal of Nutrition and Metabolism*, 823081, 2015.

[27] McNab, B. K. Energy expenditure and conservation in frugivorous and mixed-diet carnivorans. *Journal of Mammalogy*, 76:206-222, 1995.

[28] McNab, B. K. An analysis of the factors that influence the level and scaling of mammalian BMR. *Comparative Biochemistry and Physiology Part A: Molecular & Integrative Physiology*, 151: 5-28, 2008.

[29] Lambert, J. E., V. Fellner, E. McKenney, and A. Hartstone-Rose. 2014. Binturong (*Arctictis binturong*) and kinkajou (*Potos flavus*) digestive strategy: implications for interpreting frugivory in Carnivora and Primates. *PloS One*, 9: e105415.

[30] Zhu, L., Wu, Q., Dai, J., Zhang, S. and Wei, F. Evidence of cellulose metabolism by the giant panda gut microbiome. *Proceedings of the National Academy of Sciences of the United States of America*, 108: 17714-17719, 2011.

[31] Endo, H., Yamagiwa, D., Hayashi, Y., Koie, H., Yamana, Y. and Kimura, J. Role of the giant panda's 'pseudo-thumb'. *Nature*, 397: 309-310, 1999.

[32] Christiansen, P. Evolutionary implications of bite mechanics and feeding ecology in bears. *Journal of Zoology*, 272: 423-443, 2007.

[33] Hu, Y., Wu, Q., Ma, S., Ma, T., Shan, L., Wang, X., Nie, Y., Ning, Z., Yan, L.,

phology, 166: 337-386, 1980.

[9] Stevens, C. E., and Hume, I. D. *Comparative physiology of the vertebrate digestive system*. Cambridge University Press, 2004.

[10] Vester, B. M., Burke, S. L., Dikeman, C. L., Simmons, L. G. and Swanson, K. S. Nutrient digestibility and fecal characteristics are different among captive exotic felids fed a beef-based raw diet. *Zoo Biology*, 27: 126-36, 2008.

[11] Garrod, A. H. Notes on anatomy of the binturongs (*Arctictis binturong*). *Proceedings of the Zoological Society of London*, 196-202, 1878.

[12] Mitchell, P. C. On the intestinal tract of mammals. *The Transactions of the Zoological Society of London*, 17: 437-536, 1905.

[13] Crapo, C., Moresco, A., Hurley, S., Hanner, T. and Kadzere, C. Anatomical measurements of the digestive tract and nutrient digestibility in the Asian bear cat (*Arctictis binturong*). J Dairy Sci 85: 251 Mitchell, P. C. 1905. On the intestinal tract of mammals. *The Transactions of the Zoological Society of London*, 17: 437-536, 2002.

[14] Anand, A. A. P. and Sripathi, K. Digestion of cellulose and xylan by symbiotic bacteria in the intestine of the Indian flying fox (*Pteropus giganteus*). *Comparative Biochemistry and Physiology, A. Molecular & Integrative Physiology*. 139: 65-69. 2004.

[15] McKenney, E. A., Ashwell, M., Lambert, J. E. and Fellner, V. Fecal microbial diversity and putative function in captive western lowland gorillas (*Gorilla gorilla gorilla*), common chimpanzees (*Pan troglodytes*), Hamadryas baboons (*Papio hamadryas*) and binturongs (*Arctictis binturong*). *Integrative Zoology*, 9: 557-69, 2014.

[16] Dierenfeld, E. S. Viverrid digestive physiology: comparison of binturongs (*Arctictis binturong*) and dwarf mongoose (*Helgale parvula*). In: Ward, A., Brooks, M. and Maslanka, M. (eds.), *Proceedings of the Fifth Conference on Zoo and Wildlife Nutrition*, AZA Nutrition Advisory Group, 2003, pp. 52.

[17] Southgate, D. Digestion and metabolism of sugars. *The American journal of clinical nutrition*, 62: 203S-210S, 1995.

[18] French, A. R., and Smith, T. B. Importance of body size in determining dominance hierarchies among diverse tropical frugivores. *Biotropica*, 37: 96-101, 2005.

[19] Schupp, E. W. Quantity, quality and the effectiveness of seed dispersal by animals. *Vegetario*, 107: 15-29, 1993.

[20] Yasuma, S. and Andau, M. *Mammals of Sabah, part 2, Habitat and Ecology*. Japan International Cooperation Agency and Sabah Wildlife Department,

H., Mohamed, A., Heydon, M., Rustam., Bernard, H., Semiadi, G., Fredriksson, G., Boonratana, R., Marshall, A. J., Lim, N. T-L., Augeri, D. M., Hon, J., Mathai, J., van Berkel, T., Brodie, J., Giordano, A., Hall, J., Loken, B., Persey, S., Macdonald, D. W., Belant, J. L., Kramer-Schadt, S. and Wilting, A. Predicted distribution of the common palm civet *Paradoxurus hermaphroditus* (Mammalia: Carnivora: Viverridae) on Borneo. *Raffles Bulletin of Zoology*, S33: 84-88, 2016.

[7] Nakabayashi, M., Nakashima, Y., Bernard, H. and Kohshima, S. Utilisation of gravel roads and roadside forests by the common palm civet (*Paradoxurus hermaphroditus*) in Sabah, Malaysia. *Raffles Bulletin of Zoology*, 62: 379-88, 2014.

[8] Ashton, P. S. Dipterocarp biology as a window to the understanding of tropical forest structure. *Annual Review of Ecology and Systematics*, 19: 347-70, 1988.

[9] Nakabayashi, M. List of food plants of four sympatric Paradoxurinae civet species based on eight-year records on Borneo. *Tropics*, 29: 67-75, 2020.

3章

[1] Nakabayashi, M., Ahmad, A. H. and Kohshima, S. Behavioral feeding strategy of frugivorous civets in a Bornean rainforest. *Journal of Mammalogy*, 97: 798-805, 2016.

[2] Anthony, M. R. L. and Kay, R. F. Tooth form and diet in ateline and alouattine primates: reflections on the comparative method. *American Journal of Science*, 293: 356-382, 1993.

[3] Deane, A. First contact: understanding the relationship between hominoid incisor curvature and diet. *Journal of Human Evolution*, 56: 263-274, 2009.

[4] Feldhamer, G. A., Drickamer, L. C., Vessey, S. H., Merritt, J. F. and Krajewski, C. *Mammalogy. Adaptation, Diversity, Ecology.* 3rd. Edt. The Johns Hopkins University Press, 2007.

[5] Anders, U. *Okomorphologie sudostasiatischer Viverridae* (*Schleichkatzen*). Johann Wolfgang Goethe-Universitat, 2005.（ドイツ語、博士論文）

[6] Southgate, D. Digestion and metabolism of sugars. *The American Journal of Clinical Nutrition*, 62: 203S-210S, 1995.

[7] Tortora, G. J. and Derrickson, B. H. *Principles of anatomy and physiology*, 12th Edt. John Wiley & Sons, 2008.

[8] Chivers, D. J. and Hladik, C. M. Morphology of the gastrointestinal tract in primates: comparisons with other mammals in relation to diet. *Journal of Mor-*

参考文献

はじめに

［1］ 磯野直秀「明治前動物渡来年表」『慶應義塾大学日吉紀要自然科学』41：35-66、2007年。

［2］ Masuda, R., Lin, L., Pei, K. J., Chen, Y., Chang, S., Kaneko, Y., Yamazaki, K., Anezaki, T., Yachimori, S. and Oshida, T. Origins and founder effect on the Japanese masked palm civet *Paguma larvata* (Viverridae, Carnivora), revealed from a comparison with its molecular phylogeography in Taiwan. *Zoological science*, 27: 499–505, 2007.

［3］ Patou, M. L., Debruyne, R., Jennings, A. P., Zubaid, A., Rovie-Ryan, J. J. and Veron, G. Phylogenetic relationships of the Asian palm civets (Hemigalinae & Paradoxurinae, Viverridae, Carnivora). *Molecular phylogenetics and evolution*. 47: 883–892, 2008.

［4］ Veron, G., Bonillo, C., Hassanin, A. and Jennings, A. P.Molecular systematics and biogeography of the Hemigalinae civets (Mammalia, Carnivora). *European Journal of Taxonomy*, 285: 1–20, 2017.

1章

［1］ 岸田昭信「古い歴史と民謡デカンショ節で」『日本瓦斯教会誌』29:61–63、1976年。

2章

［1］ Yasuma, S. and Andau, M. *Mammals of Sabah, part 2, Habitat and Ecology*. Japan International Cooperation Agency and Sabah Wildlife Department, 2000.

［2］ Ashton, P. S. and Hall, P. Comparisons of structure among mixed dipterocarp forests of north-western Borneo. *Journal of Ecology*, 80: 459–481, 1992.

［3］ Joshi, A. R., Smith, J. L. D. and Cuthbert, F. J. Influence of food distribution and predation pressure on spacing behavior in palm civets. *Journal of Mammalogy*, 76: 1205–1212, 1995.

［4］ Mudappa, D., Kumar, A. and Chellam, R. Diet and fruit choice of the brown palm civet *Paradoxurus jerdoni*, a viverrid endemic to the Western Ghats rainforest, India. *Tropical Conservation Science*, 3: 282–300, 2010.

［5］ Schnitzer, S. A. and Bongers, F. The ecology of lianas and their role in forests. *Trends in Ecology and Evolution*, 17: 223–230, 2002.

［6］ Nakabayashi, M., Nakashima, Y., Hearn, A. J., Ross, J., Alfred, R., Samejima,

マ行

索　引

＊**太字**の数字は写真・動画の掲載ページを示す。

ア 行

カ 行

サ 行

タ 行

ナ 行

ハ 行

Profile

中林　雅（なかばやし みやび）

2015年、京都大学大学院理学研究科博士課程修了（博士（理学））。日本学術振興会特別研究員（PD）などを経て、現在は広島大学大学院先進理工系科学研究科助教。幼少期から人よりも動物と接することを好んだ。高校2年生時に参加したボルネオジャングル体験スクールをきっかけにシベットの研究者を志し、現在に至る。今ではシベットに近づくとアレルギー反応によりくしゃみがとまらず、姿を思い浮かべると脳内でにおいが再現され、吐き気を催すようになった。シベット研究のあとはイチジクを経て、人と野生動物の軋轢に研究テーマが移行しつつある。2020年、「半着生イチジクの種子散布機構」に関する研究で第24回日本熱帯生態学会吉良賞奨励賞を受賞。

新・動物記 4

夜のイチジクの木の上で

フルーツ好きの食肉類シベット

2021 年 10 月 5 日　初版第一刷発行

著　者　中林　雅

発行人　足立芳宏

発行所　京都大学学術出版会

京都市左京区吉田近衛町69番地
京都大学吉田南構内（〒606-8315）
電話　075-761-6182
FAX　075-761-6190
URL　https://www.kyoto-up.or.jp
振替　01000-8-64677

ブックデザイン・装画　森　華

印刷・製本　亜細亜印刷株式会社

ISBN 978-4-8140-0356-3　定価はカバーに表示してあります

た膨大な時間のなかに新しい発見や大胆なアイデアをつかみ取るのです。こうした動物研究者の豊かなフィールドの経験知、動物を追い求めるなかで体験した「知の軌跡」を、読者には著者とともにたどり楽しんでほしいと思っています。

最後に、本シリーズは人間の他者理解の方法にも多くの示唆を与えると期待しています。人間は他者の存在によって、自己の経験世界を拡張し、世界には異なる視点と生き方がありうると思い知ります。ふだん共にいる人でさえ「他者」の部分をもっと認識することが、互いの魅力と尊重のベースになります。動物の研究も、「他者としての動物」の生をつぶさに見つめ、自分たちと異なる存在として理解しようと試みています。そして、なにかを解明できた喜びは、ただちに新たな謎を浮上させ、さらなる関与を誘うのです。そこで異文化の人々の世界を描く手法としての「民族誌（エスノグラフィ）」になぞらえて、この動物記を「動物のエスノグラフィ（Animal Ethnography)」と位置づけようと思います。この試みが「人間にとっての他者＝動物」の理解と共生に向けた、ささやかな、しかし野心に満ちた一歩となることを願ってやみません。

シリーズ編集

黒田末壽（滋賀県立大学名誉教授）

西江仁徳（日本学術振興会特別研究員 RPD・京都大学）

来たるべき動物記によせて

「新・動物記」シリーズは、動物たちに魅せられた若者たちがその姿を追い求め、工夫と忍耐の末に行動や社会、生態を明らかにしていくドキュメンタリーです。すでに多くの動物記が書かれ、無数の読者を魅了してきた今もなお、私たちが新たな動物記を志すのには、次の理由があります。

私たちは、多くの人が動物研究の最前線を知ることで、人間と他の生物との共存についてあらためて考える機会となることを願っています。現在の地球は、さまざまな生物が相互に作用しながら何十億年もかけてつくりあげたものですが、際限のない人間活動の影響で無数の生物たちが絶滅の際に追いやられています。一方で、動物たちは、これまで考えられてきたよりはるかにすぐれた生きていく術《スキル》をもつこと、また、他の生物と複雑に支え合っていることがわかってきています。本シリーズの新たな動物像が、読者の動物との関わりをいっそう深く楽しいものにし、人間と他の生物との新たな関係を模索する一助となることを期待しています。

また、本シリーズは研究者自身による探究のドキュメントです。動物研究の営みは、対象を客観的に知るだけにとどまらない幅広く豊かなものだということも知ってほしいと願っています。動物を発見することの困難、観察の長い空白や断念、計画の失敗、孤独、将来の不安。そのなかで、研究者は現場で人々や動物たちから学び、工夫を重ね、できる限りのことをして成長していきます。そして、めざす動物との偶然のような遭遇や工夫の成果に歓喜し、無駄に思え

ANIMAL ETHNOGRAPHY

新・動物記

シリーズ編集　黒田末壽・西江仁徳

好評既刊

1　キリンの保育園　タンザニアでみつめた彼らの子育て　齋藤美保

2　武器を持たないチョウの戦い方　ライバルの見えない世界で　竹内　剛

3　隣のボノボ　集団どうしが出会うとき　坂巻哲也

4　夜のイチジクの木の上で　フルーツ好きの食肉類シベット　中林　雅